FAO中文出版计划项目丛书：青年与联合国全球联盟学习和行动系列

U0173184

青少年生物多样性科普手册

（第一版）

联合国粮食及农业组织　编著

刘雅丹　代维　代国庆　等　译

中国农业出版社

联合国粮食及农业组织

2022·北京

引用格式要求：

粮农组织和中国农业出版社。2022年。《青年与联合国全球联盟学习和行动系列：青少年生物多样性科普手册》。中国北京。

13-CPP2021

本出版物原版为英文，即*Youth and United Nations Global Alliance Learning and Action Series：The youth guide to biodiversity*，由联合国粮食及农业组织于2013年出版。此中文翻译由中国水产学会安排并对翻译的准确性及质量负全部责任。如有出入，应以英文原版为准。

ISBN 978-92-5-136825-1（粮农组织）
ISBN 978-7-109-30033-0（中国农业出版社）

FAO中文出版计划项目丛书

译审委员会

致谢

青年与联合国全球联盟(YUNGA)感谢所有的作者、撰稿人、图形设计师以及其他支持本手册编写的个人和机构。所有人都在繁忙的日程中利用业余时间来编写、编辑、准备或审查材料,许多其他人也很乐意允许使用他们的照片或其他材料。特别感谢联合国粮食及农业组织(FAO)和《生物多样性公约》(CBD)秘书处的工作人员,感谢他们为编写本手册所付出的时间和精力,特别是感谢Diana Remarche Cerda起草的原始大纲,以及Alashiya Gordes和Sarah Mc Lusky对文本的审核。对于Bartoleschi工作室在修改、更新版式及图形方面的无限耐心,我们深表感谢。所有的贡献者都对生物多样性抱有极大的热情,并希望手册将激励年轻人学习,更好地理解生物多样性的重要性,并在保护倡议中采取行动。此外,还要感谢青年与联合国全球联盟和《生物多样性公约》大使在推广本手册时的热情和精力。

目 录

前言

一个会伪装的、能同时看向两个方向的生物……

一个令人毛骨悚然的、爬行的、没有眼皮的生物……

一个巨大的、有喇叭声响的怪物，甚至可以从4.8千米之外闻到水源……

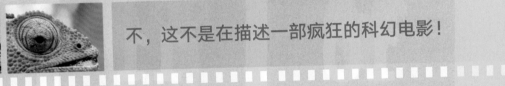

不，这不是在描述一部疯狂的科幻电影！

欢迎来到地球，这里的居民包括可以同时看到两个不同方向的变色龙，没有眼皮的昆虫和嗅觉灵敏的大象。

这些只是几个例子。地球上的动物和植物的种类的确奇妙而令人惊叹。此外，其多样化的生态系统，如沙漠、海洋、河流、山脉、沼泽、森林和草场，为生活在那里的动植物营造了特别适合生存的环境。生态系统环境的改变会给本地动植物带来巨大灾难，不幸的是，这一现象在今天发生得太快了。虽然物种灭绝一直都是自然逐渐进化过程中的一个部分，但目前动植物的灭绝速度被认为是自然进化过程的数百倍，甚至数千倍。

生物多样性专家说，如今大多数物种灭绝是由人类活动造成的，如森林砍伐，采矿，土地转换，修建水坝、道路和城市，过度捕捞以及其他导致破坏生态环境、气候变化和污染的活动。以至于世界自然保护联盟（IUCN）在其濒危物种名单（www.iucnredlist.org）上有5 689个条目，其中许多可能

是你熟悉的物种，如大猩猩、红毛猩猩、海龟、鹰、鲸、鹤、海豹、狐狸、熊和老虎，还有许多植物、鸟类、昆虫、爬行动物、两栖动物和鱼类。

我们大多数人都相信，所有的生命都有生存的权利。当野生动物受到损害或破坏时，我们中的许多人会感到这也是一种个人的损失。然而，地球生物多样性的丧失也会在物质方面影响我们。事实上，生物多样性是人类赖以生存的基础。植物和动物为我们提供食物和药物，河流提供珍贵的饮用水，而树木吸收温室气体并保护土地不受侵蚀。破坏自然生态系统还可能影响自然发展过程，如防洪和作物授粉等。

我们邀请你深入阅读这本综合性的青年学习手册，深入了解生物多样性给我们带来的好处、面临的威胁以及我们可以采取哪些行动来保护它。这本手册图文并茂，包括来自世界各地的青少年在"纵观全局"竞赛中拍摄的获奖照片。此竞赛由"绿色浪潮"（一项促进生物多样性的全球运动）支持。在手册的最后有一个可用于制定行动计划并开展你自己的生物多样性项目，其中有6个简单的改变步骤。你可以从其他年轻全球领导人的影响深远的项目和他们的创新项目中获得灵感。在每一章的末尾，你会发现额外的资源和任务，以帮助你进一步了解周围环境以及其他有用的信息。

> "一些濒危物种可能已经无力回天，但采取行动拯救其他的物种还并不算太晚。每个和你一样的人都可以为现状的改变做出最大的努力，了解情况和激发动力就是一个很好的开始方式。"

Anggun,
Jean Lemire,
Carl Lewis,
Fanny Lu,
Debi Nova,
Lea Salonga,
Valentina Vezzali

联合国《生物多样性公约》、联合国粮农组织和青年与联合国全球联盟大使

©粮农组织/Simone Casetta

安谷（Anggun）
青年与联合国全球联盟和联合国粮农组织亲善大使

"人类必须学会与其他物种分享地球，作为个人，我们必须改变我们的日常习惯，以帮助保护我们的生物多样性。"

让·勒米尔（Jean Lemire）
联合国生物多样性亲善大使

"我们星球的健康有赖于生命极其微妙的平衡和非凡的多样性。我们对生物多样性的了解越多，越发现它的美，就越能够关心它。"

黛比·诺娃（Debi Nova）
青年与联合国全球联盟大使

"愿这本手册能激励你体验和探索大自然的奥妙，保护大自然，并激发你的家人、朋友、同学和社区的积极性，拯救我们星球的生物多样性。"

范妮·卢（Fanny Lu）

青年与联合国全球联盟和联合国粮农组织亲善大使

"我希望这本手册能让你看到我们周围奇妙的生物多样性，并激励你采取行动。"

卡尔·刘易斯（Carl Lewis）

青年与联合国全球联盟和联合国粮农组织亲善大使

"我们必须赢得与时间的赛跑，以保护我们所剩下的生物多样性，你和我采取的每一个行动都很重要。"

莉亚·莎朗嘉（Lea Salonga）

青年与联合国全球联盟和联合国粮农组织亲善大使

"我们的世界真的很美好，让我们学会与它和谐相处，并为子孙后代保护它，让他们也能享受。"

瓦伦蒂娜·韦扎利（Valentina Vezzali）

青年与联合国全球联盟大使

"我们被令人惊叹和生命力强的植物和动物所包围。你能想象生活在一个没有它们的世界吗？我不能！所以让我们为生物多样性站出来吧！"

本手册和其他有趣的资源可从网址下载：
www.yunga.org

美国国家植物园睡莲叶子上的青蛙
©Prerona Kundu（12岁）

什么是生物多样性？

定义生物多样性及其组成部分，以及为什么他们对人类和地球上的所有生命都至关重要。

Christine Gibb,《生物多样性公约》组织和联合国粮农组织

"生物"是指生命，"多样"是指不同的种类，所以生物多样性（或生物多样化）是指自然界中生物奇妙的种类以及它们如何相互联系。它是世界上最珍贵的宝藏之一。人类、植物和动物都对地球的多样性、美丽和功能做出了贡献。本章介绍了生物多样性的概念和组成部分，以及生物多样性丰富我们生活的一些方式。后面的章节将探讨生物多样性的用途。

当你看到类似这样醒目的文字时，表明该词在词汇表中，关于它的含义在词汇表中你可以找到更多的解释。

生物多样性，
一个由三部分组成的概念

生物多样性包括动物、植物、微生物和其他生命形式的所有众多物种，以及每个物种内部存在的多样性。

它还包括生态系统中存在的多样性，或者说，我们在环境中看到的变化，包括景观、其中的植被和动物，以及这些组成部分相互联系的各种方式。生物多样性是非常复杂的，通常被解释为基因、物种和生态系统的多样性和变异性。

基因

基因是所有细胞中的遗传单位。它们包含特殊的代码或指令，赋予个体不同的特征。例如，让我们来比较一下长颈鹿和人类这两个不同物种颈部的基因编码。尽管这两个物种的颈椎骨数量相同（7个），但这两个物种的颈部长度却大不相同，长颈鹿约为2.4米，而人类为13厘米。这是因为长颈鹿的基因指示每块颈椎骨可以长到25厘米，而人类的基因指示每块颈椎骨不超过2厘米。

遗传多样性发生在一个物种内，甚至在一个特定物种的一个品种内。例如，在单一品种的番茄中，一个个体的基因可能导致它更早开花，而另一个个体的基因可能导致它生产更红的番茄。遗传多样性使每个个体都是独一无二的。第3章会解释更多关于遗传多样性的细节。

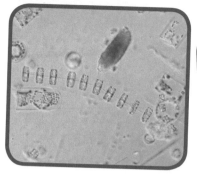

硅藻是一种微生物（左）
©C.Widdicombe／普利茅斯海洋实验室

法国阿韦龙省路边的黄色条纹剪秋罗蛾毛虫（右）
©Clémence Bonnefous（8岁）

物种

在我们的世界里，你可以找到一系列令人眼花缭乱的动物、植物和微生物。这些不同的种类被称为"物种"。一个物种是一群相似的生物体（例如蜘蛛、核桃树或像人类这样的生物个体），它们可以繁殖并产生健康的、可繁育的后代。虽然我们可能不曾想过，但我们在日常生活中会看到各种物种，如人类、山羊、树木和蚊子。物种多样性是生物多样性最明显的类型。我们的星球养育着数百万个物种，其中还有许多物种尚未被发现并识别出来。目前，已知的植物有310 129种，哺乳动物有5 487种。或许还有数以百万计的极小生物或微生物尚未被科学家识别。第4章探讨了物种多样性，并回答了与物种有关的问题，比如为什么物种很重要。

从左到右：

珊瑚礁中巨型海扇之间的仙女鲈鱼群
©珊瑚礁139905

澳大利亚昆士兰州大沙国家公园弗雷泽岛的温带雨林被联合国教科文组织（UNESCO）评为世界自然遗产
©Michael Weber

亚南极地区的王企鹅
©Michael Weber

正如人类居住在群体中一样，动物、植物甚至微生物也是如此。当植物和动物群落生活在一起，并共享空间、土地和气候时，这就形成了一个生态系统。生态系统就是许多人所说的"环境"或"自然"。本手册第5章对生态系统进行了概述，第6章、第7章、第8章和第9章对几个生态系统中的生物多样性进行了细致研究。地球上有许多种生态系统，它们可以小到像水坑，也可以大到像沙漠、森林、湿地、山脉、海洋、湖泊和河流。

生态系统

将生物多样性带上世界舞台

1992年，在巴西里约热内卢举行了一次地球峰会，各国政府、原住民团体、妇女团体、环境团体、活跃人士和其他非政府组织在会上讨论了环境问题。

这是有史以来最大的一次国际环境会议。在里约热内卢，世界各国领导人一致同意为全人类以及未来的后代保护环境是十分重要的。为了达成这个目标，与会领导们决定通过三项公约（或协议）：《生物多样性公约》（CBD）、《联合国气候变化框架公约》（UNFCCC）和《联合国防治荒漠化公约》（UNCCD）。

在峰会上，与会者就生物多样性的以下定义达成一致：

"生物多样性指所有生物体之间的差异，包括陆地、海洋和其他水生生态系统以及它们所属的生态综合体，这包括物种内、物种间和生态系统的多样性。"

这是《生物多样性公约》使用的官方定义。

©Marilò Moreno Ruz（16岁）

Convention on
Biological Diversity

UNCCD

UNFCCC

关键在于相互影响

也许生物多样性最重要的特点是所有的组成部分都是相互联系的。

例如，如果一只老鼠吃了被化学品污染的种子，它可能会存活下来，但如果一只鹰吃了许多吃过这种种子的老鼠，鹰可能会死于致命剂量的化学物质。由于它们在食物链中的位置，像鹰这样的顶级捕食者很容易受到这种生物放大作用的影响，即物质的积累在食物链中浓度增加。同时生物多样性的联系也是有益的：沿海红树林生态系统的恢复为鱼类和其他海洋物种提供了重要的繁育栖息地，改善了海岸线上的渔业，并保护人类居住区免受极端天气的影响。

同样，上游河流的重新自然化使自然食物链得以重现，减少了蚊子幼虫的数量（从而降低了疟疾或类似蚊子传播疾病的发病率），改善了渔业，并净化了水质。如果生物多样性的一个层面被打断，其他部分就会出现连锁反应，这对生物多样性可能是有害的也可能是有益的。

"较小的栖息地导致较小的基因库"表明生态系统的恶化如何对物种多样性和遗传多样性产生负面影响。

"美洲黑熊和鲑鱼：强大的生态系统工程师"说明了一个正面的例子，即两个物种在生态系统工程中发挥了重要作用。

改善生态系统的一个方面是有利于生态系统的扩展。尼泊尔一个修复山坡的林业计划改善了泉水的流量，从而提高了作物产量
©粮农组织／Giampiero Diana

较小的栖息地导致较小的基因库

美国的佛罗里达大沼泽地是一个独特的生态系统，曾经是许多涉水鸟类、哺乳动物、爬行动物、昆虫、草、树木和其他物种的家园。它曾经的覆盖面积和英格兰一样大（超过9 300平方千米），但随着越来越多的人搬到那里，多年来面积已经缩小了很多。人们通过修建水源管理区和运河，以及为农业填充沼泽地，改变了生态系统。

这些生态系统的变化对许多物种都是不利的，包括黑头鹮鹳和蜗鸢。

这些变化甚至影响了一些物种的基因，如佛罗里达美洲狮。由于合适的栖息地被分割得越来越小（科学家称这一过程为"碎片化"），只有少数佛罗里达美洲狮可以生存。

随着周围繁殖伴侣的减少，基因池（可用基因的种类总数）中的多样性减少了。因此，生态系统的变化对物种多样性和遗传多样性都产生了负面影响。

幼年（上）和成年（下）佛罗里达美洲狮。幼年狮被标记了一个感应芯片，与用于识别家庭宠物的芯片种类相同。成年狮被标记了一个无线电项圈，这有助于生物学家追踪动物并收集用于保护美洲狮的数据
©Mark Lotz／佛罗里达州鱼类和野生动物保护委员会

资料来源：www.biodiversity911.org/biodiversity_basics/learnMore/BigPicture.html 和 www.nrdc.org/water/conservation/qever.asp。

美洲黑熊和鲑鱼：
强大的生态系统工程师

诸如碳、氮和磷等营养物质通常会顺流而下——从陆地流向河流，然后流向大海，但也并非总是如此。在加拿大不列颠哥伦比亚省的河岸森林（紧邻河流、湖泊或沼泽等水体的森林）中，美洲黑熊帮助将营养物质从海洋转移到森林中。

为了解这种营养转移是如何进行的，我们需要了解一下太平洋鲑鱼的生命周期。太平洋鲑鱼出生在淡水溪流中，在那里它们要进食和生长几个星期。一旦它们准备好了，就会游向下游，并经历生理上的变化，使它们能够在海洋条件下生存。

鲑鱼在海洋中度过长达数年的时间，捕食大量的甲壳类动物、鱼类和其他海洋动物（即从海洋中获得大量的营养）。一旦达到性成熟，鲑鱼就离开海洋，游回它们出生的那一条淡水河道。在那里，它们产卵并死亡。

在每年的鲑鱼洄游期间，美洲黑熊捕捉产卵的鲑鱼并把它们带到树林里去享用。这样带来的营养物质转移是非常显著的。每条鲑鱼能提供2~20千克（有时甚至是50千克）的基本营养物质和能量。在加拿大瓜伊哈纳斯的一项研究发现，每只美洲黑熊都能将1 600千克的鲑鱼带入森林，然后吃掉大约一半。

食腐动物和昆虫以残骸为食。腐烂的鲑鱼也将营养物质释放到土壤中，滋养森林植物、树木和土壤生物。

通过这种方式，重要的营养物质先由鲑鱼再由美洲黑熊转移到另一个生态系统。

这头美洲黑熊正在吃一条它在海达瓜伊岛金卡特尔入口处的乔治湾小溪捕捉到的大麻哈鱼。仔细观察，找到大麻哈鱼
©Stef Olcen

资料来源：ring.uvic.ca/99jan22/bears.html 和 www.sciencecases.org/salmon_forest/case.asp。

药物
斯里兰卡马万纳拉医院，产前和产后护理部门的药品
©Simone D.McCourtie／世界银行

食物
韩国市场，正在售卖的蔬菜
©Curt Carnemark／世界银行

纤维和服装
印度，收获棉花
©Ray Witlin/世界银行

生物多样性的益处

生物多样性并不只是简单的存在，它有它的功能和目的。生态系统提供人类需要并且从中受益的东西。这些东西被称为生态系统产品和服务，包括维持地球上生命条件的自然资源及过程。这些生态系统产品和服务提供直接和间接的好处，包括上面展示的那些。地球上的所有生命为我们提供了食物，净化了我们呼吸的空气，过滤了我们饮用的水，提供了我们用来建设家园和企业的原材料，是无数药物和自然疗法的一部分，以及许许多多其他的方面。生物多样性有助于调节水位，并有助于防止洪水。它可以分解废物，循环利用营养物质，而这对种植食物非常重要。它用"自然保险"保护我们免受气候变化或其他事件带来的未知状况的影响。

文化和休闲效益

在加拿大阿尔伯塔省的洛基山脉，一名越野滑雪者正在欣赏壮观的景色
©Christine Gibb

营养循环

赤子爱胜蚓在分解水果、蔬菜和植物残留物，为土壤补充养分
©Christine Gibb

清洁空气和气候调节

爱沙尼亚的天空布满大烟囱。树木和其他植被有助于过滤空气和土壤中的污染物
©Curt Carnemark／世界银行

生计

农民在印度泰米尔纳德邦的灌溉项目中工作
©Michael Foley／世界银行

生物多样性的益处

许多人的生计也依赖于生物多样性。在许多文化中，自然景观与精神财富、宗教信仰和传统教义密切相关。休闲活动很大程度上也由生物多样性支持。想象一下，当你在树林中或是沿着河岸散步时，如果周围除了混凝土的高楼以外什么都没有，感觉还会一样好吗？正是生物多样性使生态系统可以持续向人类提供这些益处。当生物多样性受损时，我们也就失去了生态系统为我们提供的好处。这就是为什么维持生物多样性与人类可持续发展密切相关。第5章将会进一步解释生态系统服务，第10章至第13章将进一步研究人类、生物多样性和可持续发展之间的关系，以及不同群体为保护生物多样性所做出的努力。

生物多样性就在我们身边

1 一位印度牧民在保护他的羊群
©Curt Carnemark／世界银行

2 祭拜场所往往坐落在美丽的自然环境中，适合沉思和祈祷，例如寺庙
©Curt Carnemark／世界银行

3 传统歌舞讲述有关动植物生活史和特性的故事，尤其是在土著文化中。在这张照片里，舞者们在不丹的当地仪式中表演
©Curt Carnemark／世界银行

4 一位生态导游向游客介绍乌干达的自然和文化遗址
©粮农组织／Roberto Faidutti

5 蝴蝶远足，即以寻找蝴蝶为乐趣的徒步旅行
©粮农组织／Christine Gibb

6 墨西哥的传统捕鱼
©Curt Carnemark／世界银行

7 生物学家Paula Khan在美国加利福尼亚州欧文堡的东南部释放一只沙漠龟之前，对它进行称重
©Neal Snyder（生态系统产品和服务）

8 美国鱼溪的独木舟之旅
©Christine Gibb

结论

　　生物多样性是地球上生命的多样性，是人类生存和福祉的一个重要组成部分。生物多样性的重要性超出了它对人类的价值：它所有组成部分都有生存的权利。不幸的是，地球上的生物多样性并非一切顺利。生物多样性面临着真正的威胁，这一点将在下一章进行探讨。

生态系统

物　种

基　因

瓢虫
©Julia Kresse（15岁）

人类如何影响生物多样性？

生物多样性所受到的主要威胁以及人类的作用。

2

Kieran Noonan-Mooney,《生物多样性公约》组织
Christine Gibb,《生物多样性公约》组织和联合国粮农组织

　　我们每天都面临着选择。作为个人，我们需要决定吃什么、穿什么、如何上学等等。学校、企业、政府和其他团体也会做出选择。其中一些选择会影响生物多样性，即地球上的生命种类。有时我们的选择会产生积极影响，例如，当我们决定可持续地使用生物多样性或更好地保护它时。然而，我们的许多行为正日益对生物多样性产生负面影响。事实上，人类活动是生物多样性丧失的主要原因。

我们行为的负面影响已经变得如此之大，以至于我们现在的生物多样性损失比地球近代史上的任何时候都要快。科学家们已经评估了47 000多个物种，发现其中36%的物种面临灭绝的威胁，即一个物种没有活的个体存在的状态。此外，灭绝率估计比从化石记录中观察到的或所谓的"背景率"高50～500倍。如果把可能灭绝的物种包括在这些估计中，目前的物种损失率就会增加到比背景率大100～1 000倍。

目前生物多样性丧失的速度使许多人认为，地球目前正在经历第6次大灭绝事件，比导致恐龙灭绝的事件还要严重。然而，与过去由自然灾害和地球变化引起的灭绝事件不同，这次是由人类行为引起的。

对生物多样性的主要威胁

生物多样性的丧失有5个主要原因:

 1 栖息地丧失

 2 气候变化

 3 过度开发

 4 外来入侵物种

5 污染

这些原因中的每一个,或者说"直接驱动因素",都给生物多样性带来了巨大的压力,而且往往在同一生态系统或环境中同时发生。

1 栖息地丧失是指为了满足人类的需要而对自然环境进行改造或改变,这是全球生物多样性丧失的最主要原因。常见的栖息地丧失类型包括砍伐森林以获取木材和开辟农业用地,排干湿地以给新的发展项目让路,或在河流上筑坝以使农业和城市获得更多的水。栖息地的丧失也会导致碎片化,当栖息地(通常发现生物体的当地环境)的某些部分由于景观变化(如道路建设)而彼此分离时,就会发生碎片化。栖息地碎片化使物种难以在栖息地内移动,并对需要大片土地的物种构成重大挑战,如生活在刚果盆地的非洲森林象。尽管一些栖息地的丧失对于人类是必要的,但当人们随意改变自然栖息地而对生物多样性不加关注时,结果可能是非常负面的。

电线穿过加拿大魁北克省的北方森林。魁北克省大约35%的北方森林受到人类水电、林业、采矿、狩猎、渔业和休闲活动的影响
©Allen McInnis／北方通讯

2 ▶ 气候变化是由地球大气层中二氧化碳等温室气体积聚引起的，而它对生物多样性的威胁越来越大。气候变化改变了物种赖以生存的气候模式和生态系统。通过改变物种已经习惯的温度和降雨模式，气候变化正在改变物种的传统分布范围。这迫使物种要么迁徙以寻找有利的生存条件，要么适应新的气候。虽然一些物种可能能够跟上气候变化造成的改变，但其他物种将无法做到这一点。极地地区（见"北极海冰和生物多样性"）和山脉的生物多样性尤其容易受到气候变化的影响。

3 ▶ 过度开发，或不可持续利用，是指生物多样性消失的速度超过了它可以得到补充的速度，从长远来看，这可能导致物种的灭绝。比如：

- 加拿大纽芬兰海岸曾经繁荣的鳕鱼渔业，由于过度捕捞而几乎消失了。
- 柬埔寨的淡水蛇在狩猎的压力下正在减少。
- 短叶非洲铁（*Encephalartos brevifoliolatus*），一种苏铁植物因被过度采挖用于园艺，现已在野外灭绝。
- 过度开发，特别是与破坏性的采伐相结合，是某些地区生物多样性丧失的主要原因。

树木的砍伐是一种影响众多物种的主要生态系统干扰
©粮农组织／L.Taylor

有些动物，如泰国的这只寄居蟹，在恶劣的情况下，利用海滩上的垃圾作为自己临时住所
©Alex Marttunen（12岁）

4 ▶ 外来入侵物种（IAS），或在其自然栖息地之外扩散并威胁新地区生物多样性的物种，是生物多样性丧失的主要原因。这些物种以多种方式危害本地生物多样性，例如作为捕食者、寄生虫和传病媒介（或载体），或是栖息地和食物的直接竞争者。

在许多情况下，外来入侵物种在新环境中没有任何天敌，因此它们的种群规模往往不受控制（见"麻烦的蟾蜍"）。一些外来入侵物种在退化的系统中茁壮成长，因此可以与其他环境压力因素协同作用或增强其他环境压力源。外来入侵物种还可能造成经济或环境损害，或对人类健康产生不利影响。

外来入侵物种的引入可以是有意的，如引入新品种的作物或牲畜，也可以是意外的，如通过压载水系统或通过货物集装箱偷运物种。外来入侵物种的一些主要传病媒介（载体）为贸易、运输、旅行或旅游业，这些方式近年来都在大幅度增加。

动物受到不同类型污染的影响。石油泄漏会破坏鱼类、海龟和海鸟的种群。

在美国路易斯安那州格兰德岛捕获的褐鹈鹕正在等待清洗
ⓒ国际鸟类救援研究中心

5 生物多样性损失的最后一个驱动因素是污染。污染，特别是来自营养物质，如氮和磷的污染，这在陆地和水生生态系统中都是一个日益严重的威胁。虽然大规模使用化肥使得粮食产量增加，但也造成了严重的环境破坏，如富营养化。

富营养化

在富营养化的水体中，如湖泊和池塘，化学营养物的浓度很高，以至于藻类和浮游生物开始迅速生长。

随着这些植物的生长和腐烂，水中的氧气量下降。这种条件下使许多物种难以生存。导致这种情况的过量营养物质大多来自化肥、含有营养物质的土壤的侵蚀、污水、大气中的氮沉积和其他来源。

富营养化是由水中营养物质过多引起的
©F.Lamiot

麻烦的蟾蜍

Saadia Iqbal, Youthink!

这一切都始于一些破坏澳大利亚甘蔗作物的甲虫。一种叫做蔗蟾蜍的蟾蜍被从夏威夷引入，希望它们能吃掉这些甲虫并解决问题。然而，这些蟾蜍并不理会甲虫，而是吃掉了其他所有的东西，成为真正的害虫。

现在，它们正在横行霸道，捕食小动物，并毒害敢于尝试吃它们的大动物。科学家们仍在试图弄清楚该怎么做。

资料来源：australianmuseum.net.au/Cane-Toad。

蔗蟾蜍
©H. Ehmann／澳大利亚博物馆

北极海冰和生物多样性

在北极地区，冰是生命的平台。许多生物种群都适应了在冰上或冰下生活。许多动物利用海冰作为躲避捕食者的避难所或作为其狩猎的平台。

环斑海豹在春季需要特定的冰面环境进行繁殖，而北极熊则在冰上行走和狩猎。海藻甚至生长于漂浮在海洋上的冰的底部。冰也是交通运输的表面，是本地因纽特人文化遗产的基础。

在21世纪的前几年里，北冰洋中的海冰每年解冻和再冻结的模式发生了巨大的变化。实际上，自1980年以来，每年9月测量浮动海冰的范围已经在逐步下降（由红色趋势线显示）。冰层范围不仅在缩小，而且也变得更薄了。

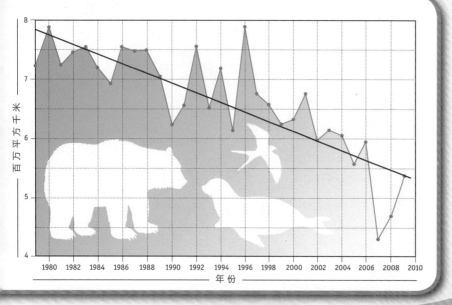

资料来源：改编自2010年《全球生物多样性展望》第3版。

结论

　　尽管生物多样性正在快速丧失，但世界各地的例子表明，人们开始做出选择，并采取有利于生物多样性的行动。然而，如果要避免生物多样性的进一步丧失，我们需要采取更多的行动。仔细考虑你所做的选择及其影响，并鼓励其他一些群体，如企业和政府也这样做是很重要的。本手册的其余部分将帮助你了解需要考虑的问题、你可以行动的步骤，以及一些对生物多样性采取积极行动的例子。

不同品种的玉米
©粮农组织

基因和遗传多样性

了解遗传多样性，以及它如何造福我们的生命和未来。

Cary Fowler、Charlotte Lusty、Maria Vinje Dodson，全球作物多样性信托基金会

每个物种的每个个体的每个细胞都含有基因。没有两个个体具有完全相同的基因——也就是说，除非他们是克隆的。基因的发现、它们是什么样子的以及它们如何从父母代传给后代，这些问题成为了19世纪和20世纪的科学革命。

基因和多样性

这一切都始于一位名叫格雷戈尔·孟德尔（Gregor Mendel）的科学家和修道士。19世纪中期，孟德尔在布尔诺的圣托马斯修道院的花园里对豌豆进行了试验，该修道院现在位于捷克共和国。

在这个实验中，孟德尔选择了一种高大的植物，然后与一种矮小的植物进行杂交（或育种）。他观察植物后代生长的高度，然后观察下一代的后代高度。看着这些植物从高到矮的规律，他能够描述遗传学的基本定律。这个定律概括起来就是：当两个亲本繁殖时，每个个体只将其一半的遗传物质传给他们的后代。每一个后代都会从他们的母亲和父亲那里获得完全相同数量的基因。这些基因是随机传递的，所以所有的后代都继承了不同的基因，没有两个兄弟姐妹是完全一样的，正如在对面图中所看到的那样。然而，也有例外。同卵双胞胎的基因几乎是完全相同的，这要归功于自然界中的一个罕见事件，即一个受精卵分裂并发育成两个后代。例如，当一棵新的竹子或香蕉从一棵雌性植物的侧面长出来时，它就是一个克隆体。

豌豆花
©Giulia Tiddens

A

一株高豌豆植株（TT）与一株矮豌豆植株（tt）杂交。

B

它们的子代从父母双方各获得一个特定性状的基因，如高度。不同的性状不会混合。这种杂交的结果是两株高豌豆植株。

C

然而，当这两株高豌豆再杂交的时候……

D

结果是三株高豌豆和一株矮豌豆，因为高是显性性状，矮是隐性性状。但是，如果植株中存在两个隐性基因，隐性性状就会在以后的子代中出现。

遗传多样性

简单来说，基因产生性状。性状是一种特征，如卷发、雀斑或血型。例如，人类眼睛的颜色是由多种基因组合决定的，有蓝色、绿色、棕色、淡褐色、灰色、栗色以及两者之间的变化。这就是遗传多样性。

当你观察欧洲或北美洲的一个城镇或国家人的眼睛时，眼睛的颜色可能有很大的差异。在其他地方，例如在非洲和亚洲的部分地区，眼睛的颜色可能并没有什么不同。

同物种间的遗传多样性：人类的眼睛
（从左到右）
©[farm2.iistatic.flickr.com/1320/1129245762_f616924190.jpg]
©[farm4.static.flickr.com/3097/2773264240_f91e272799.jpg]
©Cristina Chirtes [www.flickr.com/photos/p0psicle/2463416317]
©Cass Chin [www.flickr.com/photos/casschin/3663388197]

眼睛颜色的例子显示了单一物种（人类）的多样性。但在一群物种中也有遗传多样性，例如鸽子。如果你到热带地区的一个岛屿或森林旅行，你大概率会发现鸽子。你会认出它们是鸽子，但它们与你家乡的鸽子不一样。它们在基因上有很大的不同，尽管有明显的关联。与鸽子相比，还有更多种类的物种，特别是在昆虫世界！

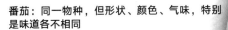

番茄：同一物种，但形状、颜色、气味，特别是味道各不相同
©Reuben Sessa

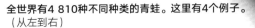

全世界有4 810种不同种类的青蛙。这里有4个例子。
（从左到右）
©[farm1.static.flickr.com/89/232636845_5ca3c4fe51.jpg]
©[farm3.static.flickr.com/2761/4330810650_47ed959dfd.jpg]
©[farm2.static.flickr.com/1405/1395010192_e3f85c9c7c.jpg]
©Diego Adrados（14岁）

以此类推，我们可以衡量一个生态系统的总遗传多样性，一些生态系统比其他生态系统更多样化。巴西大西洋沿岸的一小片森林比整个美国都包含更多的植物和动物物种，因此也包含更多的遗传多样性。

进化的力量

地球上并不一直都有像今天这样多的遗传多样性。它几乎是从一无所有中演变而来的。进化有4个要素：自然选择、变异、遗传性和时间。这些要素的组合解释了物种的进化——从鲸到抗药性细菌，无所不含!

让我们回到眼睛的颜色，想象有一个森林，里面有一群眼睛颜色不同的鸽子，有些鸽子是绿眼睛，有些是灰眼睛。碰巧的是，绿眼睛的鸽子特别善于在黑暗中观察。在这个假想的森林里，鸽子整天以无花果为食，这种美味只有少数无花果树上才有。到了晚上，这些鸟儿们就休息。但气候的变化促使一种新的猎鸽鹰进入该地区。借助着白天的良好能见度，鹰可以从高处俯冲到在果树上觅食的鸽子身上。

鸽子很快就开始在白天躲藏，在晚上进食。灰眼鸽子在晚上很难找到水果，在白天就被老鹰抓住了。然而，绿眼鸽子能够在没有老鹰的威胁下进食，因为它们可以在晚上寻找食物。因此，绿眼鸽子的绿眼后代进化得更成功，它们的寿命更长，后代也更多。随着灰眼鸽子消失，鸽子的数量开始发生变化。经过时间的推移，大多数新生鸽子的眼睛颜色都是一样的：绿色!

这个故事说明，在种群存在变化的地方（如眼睛的颜色），新的或现有的压力（如鹰）会选择特定的可遗传的特征，从一代传到下一代（如绿色的眼睛），遗传一种优势。随着时间的推移（如几代鸽子），种群会发生变化，物种就进化了。在没有猎鸽鹰的地方，无论鸽子的眼睛是什么颜色，都能茁壮成长。最终，经过很长时间，绿眼睛的鸽子凭借其在夜间觅食和躲避老鹰的技能，可以成为一个完全独立的物种。

哪个更多样化，人类还是玉米？

尽管人类看起来多种多样，但实际上他们的基因非常相似。事实上，一块玉米田的多样性比整个人口数量的多样性还要多！你能想象玉米发展成许多不同品种的潜力吗？

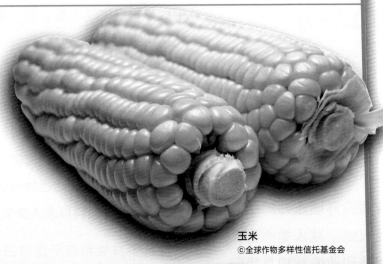

玉米
©全球作物多样性信托基金会

©Romain Guy／www.flickr.com/
230420772

©Richard [www.flickr.com/
photos/68137880@N00/3082497758]

©粮农组织／Riccardo Gangale

©Reuben Sessa

遗传多样性的应用

多样性在进化和物种的生存中起着关键作用。已经有过无数的先例，从恐龙到渡渡鸟，一个物种因为缺乏变异或适应环境压力的能力而灭绝。就人类而言，塑造和改变地球是我们成功适应生存环境的主要因素之一。尽管如此，我们仍然高度依赖各个层面的多样性。

首先，在生态系统层面，多样性提供了我们的栖息地和环境。在最基本的层面上，植物提供了大气中的氧气。我们多样化的栖息地提供了土壤、水、遮阳或防风的房屋以及许多其他支持生命的服务。

其次，物种多样性很重要，因为人类是杂食动物，生活在世界各地不同的环境中。与奶牛和熊猫不同，如果我们总是吃同样的单一类型的食物，我们就会因为饮食中缺乏必要的营养而生病。多样性使人类能够在世界各地许多不同的生活条件下定居和繁衍。多样性还为我们提供了药品、木材、纸张、燃料、制造业的原材料以及人类文明所依赖的其他一切。

遗传多样性和它所提供的性状变异使单个物种能够适应环境的变化。所有物种，如人类，都不断受到新型流感或其他疾病以及天气和温度变化的威胁。食品在超市和商店里必定出现，但在幕后，科学家和农民一直在努力保持产量以满足需求。遗传多样性是农作物在面对挑战时适应和进化的基础。

在过去的12 000年里，农民选择了产量更高、味道更好或在压力下生存能力更强的单株植物。在不同的地方或时间，成千上万的农民使用他们喜欢的植物种子来播种下一季作物。就这样，人们塑造了他们在特定条件下需求的作物。目前，世界各地已培育出成千上万的作物品种。现代的育种者同样选择具有特定性状的植物，使用各种技术或工具来加快这一进程，并培育出我们可能在超市购买的高产品种。"我们日常面包的制作"一栏说明了遗传多样性对麦农的重要性。

我们日常面包的制作

在20世纪40年代，农民因一种被称为禾柄锈菌的真菌而损失了许多小麦作物。真菌孢子被风从一块田地带到另一块田地。孢子可以落在小麦植物的任何部位并感染它，在茎和叶子上形成疱疮，导致植物的种子产量大大减少，甚至完全死亡。

育种人员在小麦基因库（储存遗传多样性的仓库）中筛选出在真菌孢子存在的情况下似乎不会出现疾病症状的植物。

他们将死于禾柄锈菌的小麦品种与似乎能抵抗疾病的野生近缘种植物进行杂交，培育出产量高的抗病小麦新品种，这些新品种受到农民的热烈欢迎，并在世界各地传播。负责这个项目的科学家之一，诺曼·博洛格（Norman Borlaug），因为他的努力而获得了诺贝尔奖。这本书的读者中，可能每个人都曾从诺曼·博洛格的工作中受益。

1999年，乌干达出现了一种新的茎锈病，并蔓延到中东地区。植物育种人员正在再次筛选他们所有的遗传资源，以寻找对这种新疾病具有抗性的小麦品种。

我们必须要认识到，在一种主要作物上出现新的破坏性疾病并不是什么新闻，这在农业世界中是司空见惯的事情！因此，重要的是要保持大量的遗传多样性，以便可以培育出能够抵抗这些新疾病的新品种。

在西班牙生长的小麦
©Bernat Casero

受到威胁的遗传多样性

长远来看，一个没有遗传多样性的地方是脆弱且容易遭受灾难的。1845年，一种致命的疾病摧毁了爱尔兰农村穷人们的主要作物——马铃薯，导致200万人挨饿或迁移。在人类历史上还有许多这样的事件。

除了严重的饥荒或灭绝之外，还有一种更为渐进的威胁，那就是遗传侵蚀或基因及其产生的性状的丧失。今天的农业、林业或水产养殖系统在广泛的地理区域内比以往更加同质化（相似），培育的相同物种和品种数量也更少。然而，多样性仍然受到高度重视和利用，特别是在人们全年完全依赖农作物作为食物来源的地区。如果有一种作物歉收，一个家庭要吃什么？但在剩余的野生栖息地中仍然隐藏着非常丰富的作物多样性，在那里仍然可以找到作物物种的野生近缘种。

栽培马铃薯（左）和野生马铃薯（右）的花
©Martin LaBar
©Arthur Chapman

在我们生活的这个动荡的世界里，多样性是一个重要的要素。大量的科学家、育种家和农民正在努力保护生物多样性，使人类能够应对不可预测的未来的挑战。这可以通过不同的方式来实现。

永远的
遗传多样性

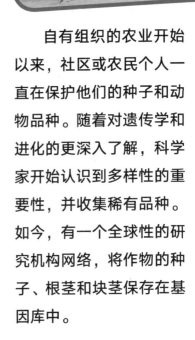

保存种子比你想象的要复杂得多。最简单的方法是将材料装入密闭容器，并在低温下储存。对于不产生种子的植物，这些材料被保存在实验室的玻璃罐中作为微型植物，或者作为组织样本在液氮中超低温冷冻。在这两种情况下，这些材料可以保持数十年的休眠状态，但仍然需要定期检查，以确保它们不会衰败。

基因库并不像图书馆那样，读者可以来阅读书籍，或要求提供特定的书名或作者。你无法从一粒种子中得知植物将如何生长，是否能应对疾病或特定气候，也无法知道收获的作物味道如何。基因库最重要的一个方面是测试这些植物，并细致地记录其性状和特征。基因库保存着数以千计的样本。例如，在全世界不同的基因库中，有超过25万个玉米的条目。要找到可能适合你的玉米，需要查看大量的种子。

位于挪威的斯瓦尔巴全球种子库是作物多样性的终极安全场所。在北极圈内的一个冰冻的山坡上，在飓风、洪水、停电和战争的影响下，世界各国都将其收集的样本作为安全备份存放在这里。到目前为止，已经储存了50多万份种子样本。这些种子是否会被需要，谁也说不准。这种多样性代表了我们可以为遥远的或也许不那么遥远的未来的人们提供多种选择。

自有组织的农业开始以来，社区或农民个人一直在保护他们的种子和动物品种。随着对遗传学和进化的更深入了解，科学家开始认识到多样性的重要性，并收集稀有品种。如今，有一个全球性的研究机构网络，将作物的种子、根茎和块茎保存在基因库中。

斯瓦尔巴种子库建立在挪威的山脉中
ⓒ全球作物多样性信托基金会

挪威斯瓦尔巴种子库入口
ⓒ斯瓦尔巴全球种子库／Mari Tefre

国际玉米和小麦改良中心（CIMMYT）是一个研究和培训中心，目标是可持续地提高玉米和小麦系统的生产率，以确保全球粮食安全和减少贫困。

热带农业研究和高等教育中心（CATIE）通过教育、研究和技术合作，促进可持续农业和自然资源管理，致力于提高人类福祉，减少农村贫困。其工作领域之一是改进咖啡生产系统。

玉米
©Jayegirl99

咖啡
©Rex Bennett

世界上最大的异位集合

资料来源：全球作物多样性信托基金会。

墨西哥

哥伦比亚

秘鲁

巴西

豆类
©Roger Smith

马铃薯
©Philippa Willitts

木薯
©CIAT

国际热带农业中心（CIAT）拥有世界上豆类（超过35 000种材料）、木薯（超过6 000种）和热带牧草（超过21 000种）最大的基因库，这些材料从141个国家和地区收集而得。

国际马铃薯中心（CIP）是一个以根茎类研究促进发展的机构，为全球紧迫的饥饿问题提供可持续的解决方案。它拥有一个庞大的马铃薯品种和其他根茎类物种基因库。

巴西农业研究公司（EMBRAPA）通过开发技术和确定实践以改进农业生产。它是木薯以及其他热带水果（如菠萝、樱桃、香蕉、柑橘类水果、木瓜、芒果和百香果）的主要研究机构。

国际生物多样性中心（Biodiversity International）利用农业生物多样性来改善人们的生活，研究可持续农业、营养和保护这三个关键挑战的解决方案。国际生物多样性中心坚持香蕉改良品种和野生品种的国际种质收集。

瓦维洛夫植物工业研究所（VIR）从事多种作物品种的研究和开发。支持收集和维护包括大麦在内的多种作物品种的基因库。

世界蔬菜中心（AVRDC）在4个主要领域开展工作：种质、育种、生产和消费。AVRDC维持着世界上最大的公共蔬菜基因库，拥有来自155个国家和地区的59 294个条目，包括大约12 000种本土蔬菜。

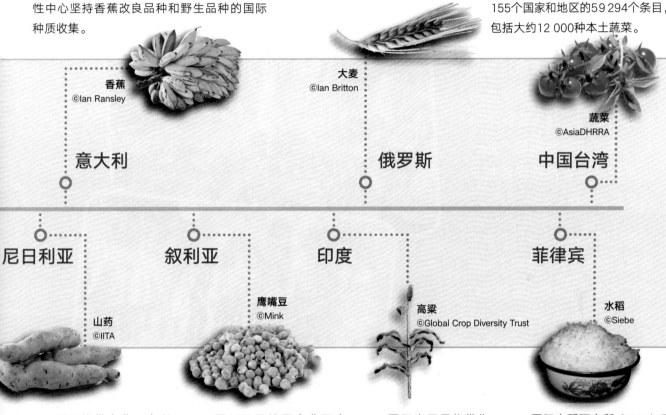

香蕉
©Ian Ransley

大麦
©Ian Britton

蔬菜
©AsiaDHRRA

意大利

俄罗斯

中国台湾

尼日利亚

叙利亚

印度

菲律宾

山药
©IITA

鹰嘴豆
©Mink

高粱
©Global Crop Diversity Trust

水稻
©Siebe

国际热带农业研究所（IITA）致力于提高作物质量和生产力。它致力于评估山药新品种的生长特性和营养成分，并与豇豆、大豆、香蕉/大蕉、木薯和玉米等其他作物配合。

国际干旱地区农业研究中心（ICARDA）致力于改进作物，如鹰嘴豆、面包果和硬质小麦、牧草和饲用豆类、大麦、小扁豆和蚕豆。其他工作包括支持改善农场用水效率、牧场和小型反刍动物的生产。

国际半干旱热带作物研究所（ICRISAT）在亚洲和撒哈拉以南非洲开展农业研究，并促进其发展。它的基因库是包括高粱在内的多种作物种质资源的世界储存库。

国际水稻研究所（IRRI）开发新的水稻品种和水稻作物管理技术，帮助稻农以环境可持续方式提高水稻的产量和质量。国际水稻研究所保持着世界上最大的水稻遗传多样性集合，有超过113 000种水稻，包括现代和传统品种，以及水稻的野生近缘物种。

我们能做些什么来保护遗传多样性？

:: 参观一个当地的农贸市场。农民通常种植和销售当地品种的水果和蔬菜，这些水果和蔬菜是你在超市里找不到的。通过购买他们的产品，你是在鼓励农民继续种植不同基因的品种。

:: 试着在家里种植当地的水果和蔬菜。如果你种植两种不同类型的番茄，你可能会看到它们是如何在不同的时间发芽、开花和结果的。你也会发现它们的味道是多么的不同！

:: 你可以在花园里种植你所在地区的本地植物。

:: 你可以鼓励你的学校或邻里建立社区花园。

冈比亚当地市场
©粮农组织／Seyllou Diallo

在意大利联合国粮农组织总部
举行植树仪式
©粮农组织／Alessandra Benedetti

秘鲁的学校园圃
©粮农组织／Jamie Razuri

:: 把空置或废弃的地方变成绿地，每个人都可以在那里种植新鲜的水果、蔬菜、鲜花和任何他们想种植的植物。访问www.nybg.org/green_up以获得更多灵感。

:: 你可以加入一个帮助保护多样性或保护环境的团体。比如说，那些植树、照顾动物或经营城市农场或花园的团体。

:: 减少废弃物，回收垃圾和使用环保清洁产品都有助于保护环境，并减少对濒危物种的威胁。

:: 在你的学校做一个关于遗传多样性的演讲。例如，你可以谈论斯瓦尔巴全球种子库，那里有成千上万的食物种子被安全地保存到未来。你可以在www.croptrust.org阅读更多关于它的信息。

海地的社区学校园圃
©粮农组织／Thony Belizaire

印度的学校果园
©粮农组织／Jon Spaull

在意大利的粮农组织总部，工作人员发起了鼓励人们养成绿色生活习惯的运动
©粮农组织／Giulio Napolitano

中非共和国的小组活动
©粮农组织／Riccardo Gangale

美国加利福尼亚州红杉国家公园的一个营地里，一只香蕉蛞蝓正在吃覆盆子
©Anthony Avellano（14岁）

物种：
生物多样性的基石

研究物种多样性如何成为一个健康星球的关键，并对在生物多样性保护中使用的主要工具进行深入探究。

4

Kathryn Pintus，世界自然保护联盟

到目前为止，我们已经了解了遗传多样性，我们也知道了基因是地球上存在的各种物种的原因。但究竟什么是物种？

物种是一个基本的生物单位，描述的是能够在一起繁殖并产生可育后代（能够产生幼仔的后代）的生物。上述说法是一个被广泛接受的定义，在某些情况下，仅仅通过观察就可以很容易地确定两个生物体是否是独立的物种，巨大的蓝鲸显然与毒蝇鹅膏菌不是同一物种。

然而，事实并不总是那么简单。描述和分类生物体的科学被称为分类学，这为我们提供了一种共同的语言，让我们都可以用它来交流物种，但它可能变得相当复杂！

生物学分为几个领域，包括植物学、动物学、生态学、遗传学和行为科学，来自这些生物学分支的科学家对什么是物种的定义略有不同，这取决于他们的专业重点。例如，有些定义是基于形态学（它看起来像什么），有些是基于生态学（它如何生活以及在哪里生活），还有一些是基于系统发育学（使用分子遗传学来研究进化关系）。因此，当考虑到两种表面上看起来几乎相同的生物体时，科学家们有时会在如何分类上产生分歧。它们是同一物种的个体，还是两个完全独立的物种？或者它们也许是亚种？尽管如此，分类学仍然是非常有用的。更多细节见"分类学如何帮助生物多样性？"

蓝鲸
©bigsurcalifornia

更为复杂的是，同一物种的一些个体可能因性别或地理分布的不同而看起来大相径庭。雄性和雌性看起来不同的特征被称为性别二态性，可以在许多物种中看到，特别是在鸟类中。

抛开科学上的分歧不谈，地球上大约有178万个已被声称发现的物种，还有数以百万计我们还不知道的物种。这是一个令人难以置信的生物多样性的数量，但不幸的是，其中大部分正在消失，一些物种甚至在我们可能有机会发现它们之前就已经消失了。

英国德比郡的洛克布鲁克农场的毒蝇鹅膏菌
©Roger Butterfield

分类学如何帮助生物多样性？

Junko Shimura，《生物多样性公约》组织

由于人类活动的影响，生物多样性或地球上的生命正在以前所未有的速度消失。我们现在必须做出决定以扭转这一趋势。但是，如果决策者不知道什么需要保护，他们如何决定在哪里建立保护区（即因环境或文化价值而受到特别保护的地方）？如果监管者不能将有害的外来入侵物种与本地物种区分开来，他们如何识别和打击这些外来入侵物种？如果各个国家不知道其境内存在哪些生物多样性，又如何利用其生物多样性呢？

分类学可以回答这些问题，甚至更多的问题!

分类学是对生物体进行命名、描述和分类的科学，包括世界上所有的植物、动物和微生物。利用形态学、行为学、遗传学和生物化学的观察，分类学家揭示了物种进化过程，研究了物种之间的关系。

不幸的是，分类学知识远远不够完整。在过去250年的研究中，分类学家已经命名了大约178万种动物、植物和微生物。尽管物种的总数不详，但可能在500万～3 000万，这意味着地球上只有6%～35%的物种被科学地鉴定出来。没有全面的分类学知识，就很难对生物多样性进行有效的保护和管理。

1998年，各国政府通过《生物多样性公约》注意到了生物多样性管理的"分类学障碍"。他们发起了全球分类学倡议（GTI），以填补我们分类系统的知识空白，弥补训练有素的分类学家和管理者的短板，并设法解决这些短板对我们保护、利用和分享生物多样性利益的影响。

关于科学命名的更多信息见附录B。

物种的重要性

现在你对什么是物种有了一个更好的概念，你可能会问自己以下问题：为什么物种很重要？

物种作为生物多样性的组成部分发挥着至关重要的作用，它们相互作用形成了我们赖以生存的生态系统，并为我们提供了所谓的生态系统产品和服务（这一点在下一章将会更广泛地讨论）。

产品是指我们可以实际使用或出售的东西，包括食物、燃料、衣服和药品，而服务包括水和空气的净化、作物授粉和文化价值。

尼加拉瓜的母鸡和小鸡
©粮农组织／Saul Palma

黎巴嫩的山羊群
©粮农组织／Kai Wiedenhoefer

物种是食物的来源，比如说这些产自中国的花生
©粮农组织／Florita Botts

家牛和它的古代亲戚——原牛。最后一头原牛于1627年死于波兰的雅克托罗森林
©Prof Saxx／维基共享资源

史前洞穴壁画，如法国拉斯科洞穴中的壁画，是今天唯一存在的原牛形象
©粮农组织／Giuseppe Bizzarri

物种多样性和产品

我们获得的许多商品都来自驯化的物种，包括牛、猪和羊，以及各种农作物，如小麦、水稻和玉米。所有这些被驯化的物种最初都是野生物种的后代，它们是为特定目的而选择和培育的。驯化物种生产的食物构成了我们日常饮食的重要组成部分，从而维持了全世界数十亿人的生活。尽管有成千上万的物种可以供我们食用，但我们通常只食用其中的一小部分。

野生物种与被驯化的物种同样重要。全球各地的人们依靠海洋、淡水和陆地生态系统获得他们生存所需的食物和材料。例如，海洋覆盖了地球表面的70%以上，并拥有惊人的生物多样性，其中一些为数百万人提供了必要的食物和收入。淡水生态系统对人类同样有价值。大约有12.6万种已发现的物种，包括鱼类、软体动物、爬行动物、昆虫和植物都依赖于淡水栖息地，其中许多是当地人生计的一个极其重要的组成部分。南美洲等地的雨林中包含成千上万的物种，其中一些对现代和传统医学都极其重要。因此，生物多样性对人类的福祉至关重要。

你知道吗？
自从约12 000年前农业开始发展的时候，有大约7 000种植物都为人类所用。

你知道吗？
多于70 000种不同的植物被用于传统医学和现代医学。

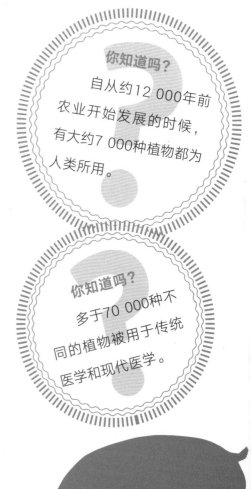

物种多样性与服务

物种提供的服务也包括由蛤蜊和贻贝等软体动物完成的对水的净化。这些软体动物在河流系统中非常常见，它们通过过滤净化水，使饮用水更安全。蜻蜓在淡水生态系统中也发挥着重要作用，它是水质的指示器。如果一个地区出现污染问题，蜻蜓将首先受到影响，因此它们的数量减少可能表明水质下降。这种早期预警机制可能至关重要，因为预警有助于在其他物种（包括人类）受到影响之前采取行动来解决这个问题。

野生物种还提供有价值的服务，如授粉，即传递花粉以实现植物繁殖的过程。世界上大多数陆地植物都需要授粉。下文"动物授粉"中讨论了各种植物物种为吸引不同种类的动物授粉者而进化出的一些适应性。

你知道吗？
全球湿地的价值高达17万亿美元！

蜻蜓
ⓒ雷蒙图片

动物授粉

Nadine Azzu, 联合国粮农组织

授粉是一项非常重要的生态系统服务，没有它，我们用于食物的许多植物就无法生长。授粉可以通过三种主要方式进行：自花授粉、风媒授粉和动物授粉。先让我们来谈谈动物授粉。有许多类型的动物授粉者，包括：昆虫（如蜜蜂、黄蜂、苍蝇、甲虫、飞蛾和蝴蝶）、鸟类（如蜂鸟）和哺乳动物（如蝙蝠和长吻袋貂）。昆虫是最常见的授粉者，特别是因为它们很小，可以很容易地从一朵花飞到另一朵花。

动物授粉是一个非常特殊和奇妙的事件。为了让植物授粉，动物的习性和身体特征（如嘴形、视觉和嗅觉能力，甚至是移动方式）必须与花的习性和物理特征（如颜色、气味和结构）完美匹配。需要"完美匹配"是不同类型的授粉者为不同植物授粉的原因之一。

- 蜜蜂被花的颜色、气味，特别是花蜜（蜜蜂的食物）所吸引。

- 甲虫的视力不好，通常被具有强烈气味的花朵所吸引。

- 蝴蝶在白天授粉，主要依靠植物提供的视觉刺激（或者说色彩）。

- 蛾子往往在夜间授粉，与嗅觉相比，对视觉线索的依赖可能更少。为了吸引蛾类授粉者的注意，有些植物可在一天中散发出不同的气味强度，尤其晚上蛾类活跃时气味会更强烈。夜香木的花就是个例子。

夜香木的花在夜间会散发出更强的香味来吸引飞蛾
©Asit K.Ghosh／维基共享资源

有些红花根本没有强烈的气味，对于这些花，蜂鸟是理想的授粉者。为什么呢？因为蜂鸟的视力特别好，能看到光谱中的红色，而且它们的嗅觉也不发达，所以，一朵花不需要有那么强烈的气味，蜂鸟就能找到它。

其他种类植物的花朵具有非常强烈的香味，但色彩却很暗淡。它们的暗色不会吸引蜜蜂或蜂鸟。在这种情况下，视觉差而嗅觉非常发达的授粉者是最理想的。蝙蝠具备这些特征，毫不奇怪，它们是这类植物的主要授粉者，在夜间进行大部分的花粉传递。

到目前为止，我们已经研究了植物的颜色和气味如何吸引特定的授粉者物种。另一个需要考虑的因素是花和授粉者的构造和形状。让我们来看看两个授粉者的例子：蝴蝶和苍蝇。蝴蝶有长长的嘴部，可以接触到储存在长管状花朵底部的花蜜。因此这些依靠蝴蝶授粉的花通常有一个方便蝴蝶落脚的地方，让它们可以轻松地啜饮花蜜。另一方面，一些苍蝇有能力在花上盘旋，就像直升机一样（蜂鸟也有这种能力），并不总是需要一个落脚点，所以这些需要苍蝇授粉的花往往没有着陆点。

美国加利福尼亚州阿卡迪亚的这种花的颜色吸引了它最喜欢的授粉者——蜂鸟。这种花的长管状形状非常适合蜂鸟的喙，这表明鸟类和植物物种为了获取食物和授粉进化成一种相互依赖的关系
©Danny Perez摄影

这些例子表明，花和授粉者的生活习性和身体特征必须相互适应，才能实现授粉。根据这些特征，去看看你附近哪些类型的动物授粉者会造访哪些类型的花？

世界上最大的授粉者

黑白领狐猴是马达加斯加岛的一种哺乳动物，是旅人蕉（也叫旅人棕榈）的主要授粉者。

这些香蕉树的外形非常高大，可以达到12米高。狐猴爬到树上，用它灵巧的手打开花苞，把它长长的鼻子伸进花里，这样它的皮毛上就沾满了花粉。花粉被转移到狐猴的下一株要造访的旅人蕉树花上。

黑白领狐猴
ⓒ视觉支持／维基共享资源

旅人蕉
ⓒNolege

人类为保护物种做出的努力

海獭
©Mike Baird／维基共享资源

物种也是保护工作的重要单位。我们通常以物种为单位来识别、优先考虑和监测生物多样性，因为物种对我们来说，往往比基因或生态系统更容易理解。由于公众对物种的强烈兴趣，在吸引人们参与生物多样性保护方面也起着关键作用。

让我们来看看用于描述不同类型物种的几个术语，你在学习更多关于保护物种的知识时可能会遇到。

旗舰物种：这些通常是非常有魅力的知名物种，如大熊猫或虎。旗舰物种被用来帮助提高对保护需求的认识，作为各种需要我们帮助的其他物种的吉祥物。

伞形物种：由于将保护工作集中在一个特定的物种上，大量的其他物种可能最终得到保护。目标物种通常被称为伞形物种，因为它为许多其他物种提供掩护！例如，为了保护美丽的美洲豹而保护一片雨林，生活在该栖息地的所有其他物种也将得到保护。

关键物种：关键物种是对其所居住的生态系统做出远超其生物量所占比重的巨大贡献的物种。海獭是关键物种，就生物量而言，它们在其生活的沿海地区并不占很大比例，但它们对其栖息地做出了巨大贡献。如果不加以控制，海胆会对它们的海带群栖息地造成巨大的破坏，通过捕食海胆，海獭帮助生活在海带群中的其他物种维持一个平衡的生态系统。

物种的现状

正如基因构成物种一样，物种构成生态系统，我们将在下一章中进一步了解。无论是直接还是间接，一个物种在一个生态系统中的生存往往取决于其他几个物种的存在，因此，保护生物多样性是最重要的。

在第2章中，我们了解了生物多样性丧失的一些主要原因，包括栖息地丧失和碎片化、过度开发、气候变化、外来入侵物种和污染。这些原因中的每一个都会给物种带来巨大的压力，导致许多物种被逼到灭绝的境地（见右图）。

灭绝是一个自然发展过程，自地球上发现生命开始就一直在发生。随着个体的出生和死亡的循环，生命有一个自然的平衡。随着时间的推移，一些物种茁壮成长和进化创造了神奇的新物种，而其他物种，由于无法适应不断变化的环境，最终走向灭绝。

> 由于人类活动，目前的灭绝率估计比正常的背景率高100~1 000倍。

我们今天面临的问题不是灭绝正在发生，而是其发生的速度。正如第2章所述，由于人类活动对植物和动物的生活产生了毁灭性的影响，目前的灭绝率估计比正常的背景率高100~1 000倍。

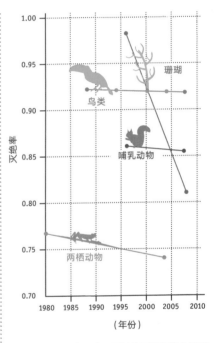

自1980年以来，预计在不采取额外保护行动的情况下生存的暖水珊瑚、鸟类、哺乳动物和两栖动物物种的比例有所下降。

珊瑚物种正以最快的速度走向更大的灭绝风险。两栖动物是最受威胁的群体。世界自然保护联盟红色名录索引的范围为0到1。值为0表示组中的所有物种都已灭绝。值为1意味着一个种群中的所有物种预计不会在不久的将来灭绝。

资料来源：2010年《全球生物多样性展望》第3版。

红色代表危险……

已经灭绝的物种包括著名的渡渡鸟，以及鲜为人知的胡拉油彩蛙、毛柄秋海棠和豚足袋狸。不幸的是，还有成千上万的物种将步它们的后尘，由于栖息地被破坏、污染、过度开发、气候变化、外来入侵物种，或这些因素的任何组合，它们都有可能被彻底消灭。

威尔士国家海滨博物馆的已灭绝渡渡鸟的骨架和重建标本
©Amgueddfa Cymru／威尔士国家海滨博物馆

THE IUCN RED LIST
OF THREATENED SPECIES™

有这么多的物种需要保护，而帮助它们的资源却很有限，我们如何知道哪些物种最危险，最需要我们的帮助？这就是《世界自然保护联盟濒危物种红色名录》（也称为《IUCN红色名录》）的作用。

《IUCN红色名录》是世界上最全面的物种保护状况的信息来源，它目前拥有超过48 000个不同物种的信息，包括物种分类、地理范围、种群数量和威胁。这些数据由全世界数千名专家收集，是影响保护决策、告知基于物种保护行动和监测物种进展的极为有用的工具。

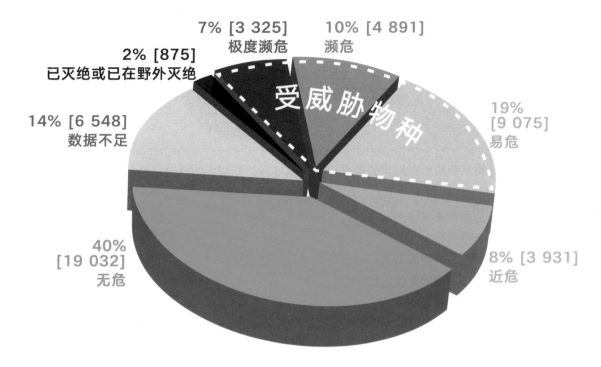

7% [3 325] 极度濒危

10% [4 891] 濒危

2% [875] 已灭绝或已在野外灭绝

受威胁物种

19% [9 075] 易危

14% [6 548] 数据不足

8% [3 931] 近危

40% [19 032] 无危

该图显示了不同危险级别的物种比例，反映了如果当前条件持续下去，一个物种可能灭绝的可能性。风险状况是基于世界各地科学家对数千种物种的研究所得。截至2009年，共评估了47 677个物种。其中，36%被认为面临灭绝的危险。

资料来源：2010年《全球生物多样性展望》第3版中的世界自然保护联盟数据。

就像大多数医院都有一个分诊系统，根据病人和伤员的病情以及他们需要就诊的速度，将他们归入一个类别，世界自然保护联盟红色名录根据物种的受威胁程度，将其归入特殊类别。

在《世界自然保护联盟濒危物种红色名录》中，被评估的物种有8个类别，可以在下页绿海龟图中所附的标尺上看到。一旦根据非常严格和仔细制定的标准对一个物种的数据进行评估，该物种就会被归入红色名单类别。这些标准是基于地理范围、种群规模和下降速度等因素制定的。被列为易危、濒危或极度濒危的物种统称为"受威胁物种"。

未评估	数据不足	无危	近危	易危	‹ 濒危 ›	极度濒危	已在野外灭绝	已灭绝
NE	DD	LC	NT	VU	EN	CR	EW	EX

通过拥有这个分类系统和所有附带的数据，世界自然保护联盟红色名录可以帮助回答几个重要的问题，包括：

- 生物多样性正以何种速度丧失？
- 哪里的生物多样性最高？
- 哪里的生物多样性丧失得最迅速？
- 造成这些损失的主要原因是什么？
- 保护行动的成功程度如何？

有了这些答案，保护主义者和决策者就能在制定和实施保护行动时做出更明智的选择，从而增加他们的成功机会。这种成功带来了生物多样性的保护，这对我们的星球上和所有生活在星球上的人类来说是至关重要的。

绿海龟
©Kathryn Pintus

羱羊：一个成功的保护案例！

羱羊是欧洲的特有物种，这个一度数量众多的物种曾经在法国、瑞士、奥地利、德国和意大利北部的阿尔卑斯山自由游荡。然而，由于频繁的狩猎活动，羱羊在19世纪初几乎被赶尽杀绝，仅剩几百只，所有这些个体都是在意大利的格兰帕拉迪索山丘发现的。由于有针对性的保护工作，包括在其原生地的部分地区、斯洛文尼亚和保加利亚地区重新引入，羱羊现在被列为世界自然保护联盟红色名录中无危物种，20世纪90年代记录的种群数量约为30 000只。

但这个物种还没有完全脱离危险，因为如果不继续努力保护其栖息地，防止偷猎和减少人类干扰的影响，它很可能再次陷入衰退危机。值得庆幸的是，羱羊并不是唯一一个从灭绝边缘恢复过来的物种，但它是一个伟大的例子，说明当我们拥有必要的知识和手段时，就可以为拯救物种做些什么。

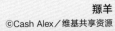

羱羊
©Cash Alex／维基共享资源

结论

在这一章中，我们探讨了物种多样性的重要性，特别是物种多样性与人类生计的关系，以及世界物种的现状。尽管前景似乎并不光明，许多物种目前面临灭绝的危险，但我们仍有希望。迄今为止，通过谨慎地应用保护策略，把物种从灭绝的边缘拯救回来，已经有几个成功的案例。通过实施诸如世界自然保护联盟红色名录这样的保护工具，并充分利用这些工具来影响决策和采取行动，生物多样性的丧失进程即使不能逆转，也可以被阻止。

大部分可用于推动保护工作的决定将由国家领导人和政府官员做出，但他们并不是唯一能够做出改变的人。我们都有责任让我们的星球变得更好，即使是最小的行动也能产生积极的影响。

我们每个人都可以做很多事情来帮助对抗灭绝危机，比如：

在考虑吃什么鱼种时做出明智的决定，以帮助维持野生鱼类资源。

对野生动物保持尊重，只参加负责任的、符合道德规范的生态旅游活动，以防止野生动物受到干扰。

循环使用纸张，以减少对森林的破坏。

每天少花一两分钟的时间淋浴，以节约用水。

使用公共交通工具，以降低污染水平，这可能是造成全球气候变化的原因。

以上只是一些简单行动的例子，你可以在日常生活中实施。想一想，你可以采取哪些具体行动来促进物种多样性的生存。

法国花园里的授粉者
©Richard Guerre（14岁）

生态系统

和生态系统服务

生态系统给予我们食物、洁净的水和空气、平稳的生活环境，以及更多！

Nadine Azzu，粮农组织

5

一个生态系统可以被认为是生物多样性生活的场所——就物理位置和空间内发生的相互作用而言。一个生态系统是由物理、化学（非生物）以及生物因素组成的，例如，岩石、空气和水是物理、化学因素，而植物、动物和微生物是生物因素。

生态系统是一个**系统**，它包含了各个层次的生物多样性，包括物种多样性和遗传多样性，以及生物多样性的相互作用及依赖关系。

不同的生态系统之所以如此迷人的原因有很多，其中一个原因是，一个生态系统可以包含许多小的生态系统。让我们以一个简单的花园为例。在一个花园里，可以有草、花、灌木丛，也许有一两棵树，如果我们想变得更加别致，甚至还可以有一个小池塘。当然，还有土壤，蚂蚁、蠕虫和蜜蜂等动物。但是在这个花园里，有我们可以想象的微生态系统。例如，在土壤中，有数以百万计的各种类型的微生物。这些微生物是错综复杂食物链中的一部分，在地下和地上都有。它们还提供生态系统服务，保持土壤健康，调节水分和捕获碳。

生态系统可以以各种方式进行分类。有些生态系统是自然的，而有些则是由人为改造和管理的。生态系统可以是陆地生态系统，也可以是水生生态系统。一个生态系统中的基因、物种和微生态系统的不同组合是使每个系统独特的部分原因。

生态系统的一个奇妙特性是其微妙的平衡。非生物因素和生物因素以这样一种方式相互作用，即生态系统的所有组成部分以适当的方式相互给予和索取，以保持生态系统的健康。这种"给予和索取"也使生态系统能够为环境（包括人类）提供不同类型的服务（称为生态系统服务）。

生态系统的类型

陆地生态系统存在于陆地上，包括热带森林和沙漠。热带雨林中的生物多样性以其复杂多样而闻名——各种类型、形状和颜色的鸟类，不同且丰富的树种，甚至还有蜘蛛、蛇和猴子。

自然水生生态系统可以是内陆的，也可以是海洋的。自然淡水生态系统的例子有池塘、河流和湖泊。在池塘中发现的生物多样性与在河流中发现的生物多样性非常不同，比方说，在河流中，你可以看到鲑鱼在汹涌的水中挣扎着向上游逆流游去，以到达它们的繁殖地。然而，在一个较小的、平静的池塘里，你可能会看到鸭子和鱼在水中游弋，睡莲在水面上漂浮，昆虫在头顶上飞舞，或者青蛙躲在浅滩处。可在第7章中了解更多关于淡水生物多样性的例子。

同样，不同的海洋生态系统，如海洋和珊瑚礁，都有自己独特的生物多样性。例如，鲨鱼可以生活在开放的海洋中，而珊瑚、海绵和软体动物则更多地出现在有遮蔽的珊瑚礁周围。

农业生态系统是依赖人类活动而存在和维持的生态系统中的一个例子。农业生态系统的生物多样性为人们提供食物、纤维、医药和其他好处。农业生态系统的例子包括稻田、牧场、农林系统、麦田、果园，甚至有自家花园或养着小鸡的后院（见"稻田农业生态系统"）。阅读第9章中有关农业生物多样性的更多信息。

稻田农业生态系统

稻田是一个水生生态系统，里面有不同类型的鱼、青蛙、植物、昆虫和土壤。5 000多年来，人类积极管理稻田，以生产高产量的水稻。这些稻田被称为水稻农业生态系统。在一些国家，稻田里养着鱼，这样农民就可以同时收获水稻和鱼，他们可以吃这些鱼并在市场上出售鱼。与其他生态系统类似，稻田也有付出和获益：当来吃稻谷的昆虫落入水中时，它们会成为鱼的食物。

印度尼西亚的水稻梯田
©粮农组织／Roberto Faidutti

什么是
生态系统服务，
以及我们为什么
需要它们？

生态系统服务（有时称为生态系统产品和服务）是环境（人类作为其中一部分）从生态系统中获得利益。下文"健康土壤上的泥土"和"我们的健康和安全如何依赖生物多样性"仔细研究了生物多样性提供的一些重要生态系统服务。共有4种类型的生态系统服务，它们是：

1.提供服务：这些服务是从生态系统中获得的产品，如食物、淡水和遗传资源。

2.调节服务：调节服务涉及气候调节、疾病控制、侵蚀控制、授粉和自然过程的调节，如洪水和森林火灾。

3.文化服务：生态系统服务不仅提供食物等具体事物，还提供水过滤等基本服务，而且还为我们提供精神、娱乐和文化方面的益处。例如，生态系统为艺术、民俗、国家象征、建筑甚至广告提供了丰富的灵感来源。

4.支持服务：这些服务维持着地球上的生命条件，是所有其他生态系统服务生产的必要条件。它们对人类的影响要么是间接的，要么是很长期的。相反，其他三个类别的变化对人类有相对直接和短期的影响。支持服务的例子包括营养循环、土壤形成和保持，以及提供栖息地。

1
在柬埔寨的一个市场上出售的鲜鱼
©世界银行／Masaru Goto

2
授粉是一种生态系统服务，在很大程度上取决于物种之间的合作或共生——被授粉者（植物）和授粉者（蜜蜂）。蜜蜂为数千种植物提供重要的授粉服务
©维基共享资源

3
2008年波恩生物多样性国际会议期间，在德国波恩，生物多样性为这些广告带来灵感
©Christine Gibb

4
森林为许多物种提供了重要的栖息地

5 生态系统和生态系统服务

健康土壤上的泥土

加强生态系统服务的提供可以通过集体努力来实现。例如，在农业生态系统中创造和保持健康的土壤需要农民和蠕虫的共同努力。蠕虫等小型生物体在土壤中挖洞，使土壤透气，因此水可以渗透，到达植物的根部。蠕虫也会消化健康土壤上的泥土、老叶子和植物杂质，将它们循环为营养物质，滋养现有的植物。在这个过程中，蠕虫提供了非常重要的生态系统服务——但除非有有机物（老叶子和植物杂质），否则它们无法提供这种服务。人类在确保土壤保持健康且肥沃方面也发挥着作用。农民必须认真决定他们使用哪种类型的耕作方法，以便环境继续提供生态系统服务。在农田等农业生态系统中，农民的做法，如覆盖，将有机物留在地面上，而不是收集和处理，使其为蠕虫提供有机物，将其转化为营养物质，供养农民的作物。

蠕虫培养的特写镜头，蠕虫被用来改善土壤质量
©粮农组织／A.Odoul

62

我们的健康和安全如何依赖于生物多样性？

Conor Kretsch，卫生与生物多样性合作（COHAB）倡议秘书处

生物多样性以多种方式维持我们的健康。除了为我们提供淡水和食物来源，它还为医学研究提供重要的药物和资源。生物多样性还在控制害虫和传染病方面发挥着作用，通过支持健康的生态系统，它可以帮助我们免受自然灾害的恶劣影响。

对世界上大约80%的人来说，医疗保健是以使用了野生动植物的传统药物为基础的。许多现代药物也是基于来自野生动物的化合物。重要的抗癌药物紫杉醇来自短叶红豆杉和一些类型的真菌。抗疟疾药物奎宁来自金鸡纳树，而有助于治疗糖尿病的药物"艾塞那肽"是从吉拉毒蜥的毒液中开发出来的。

现代医学也可以从研究野生动物中学到很多东西。例如，野生熊在冬眠几个月之前会吃大量的脂肪和富含糖分的食物。对人类来说，吃高脂肪食物和糖以及长期不运动会导致糖尿病、肥胖、心脏问题和骨质疏松；然而，熊可以睡100天或更长时间而不受这些问题的困扰！

因此，研究熊的科学家们希望能学到理解和治疗人类这些疾病的新方法。我们正在向其他物种学习，包括灵长类动物、螃蟹、鲨鱼和鲸。我们对地球上的大多数生物多样性仍然知之甚少，但我们知道，当一个物种消失时，我们本可以从该物种那里学到的任何东西也会消失。

一只吉拉毒蜥
©Blue（9岁）/维基共享资源

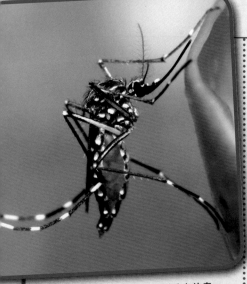

泰国呵叻府，一只蚊子在树叶上休息
©Muhammad Mahdi Karim／维基共享资源

泰国甲米海滩上的海啸危险区公告
©Juergen Sack

正如动物和植物在一个健康的生态系统中有自己的位置和作用一样，能引起疾病的生物体（如某些病毒、细菌、真菌和寄生虫）也是如此。当人类活动破坏了这些生物赖以生存的生态系统时，我们就有可能引起新的疾病暴发。例如，导致疟疾的寄生虫是通过某些类型的蚊子叮咬传播给人类的，这些蚊子在水塘中繁殖。生态系统的变化——通过砍伐森林、建造水坝或城市化，可以为蚊子提供新的繁殖区域，这可能会导致附近人感染疟疾的风险增加。

许多其他疾病都与人类对生物多样性和生态系统的影响有关，包括人体免疫缺陷病毒／艾滋病、非典、汉坦病毒和某些类型的禽流感。

生物多样性还有助于改善人类的安全和保障。它可以保护社群免受洪水和风暴灾害的影响，防止山体滑坡或雪崩，或为面临干旱或饥荒的人们提供粮食保障。因此，保护生物多样性是支持社群、保护我们和我们后代健康的一种方式。

为什么我们应该关注
生态系统服务？

正如我们所看到的，平衡和健康的生态系统提供了重要的生态系统服务。它们不仅为我们提供了清洁的空气、水、土壤和食物，保护我们免受洪水和疾病的侵害，而且还为我们提供了美丽的生活景观。生态系统服务对于生态系统的短期和长期生存以及健康也至关重要。还有哪些生态系统服务？有哪些实际例子可以说明它们对人类和自然界至关重要？

人类活动使生态系统处于危险之中，这反过来意味着这些生态系统就不能为我们（或生物多样性的任何其他部分）提供生态系统服务。但这对我们来说到底意味着什么？让我们以授粉的生态系统服务为例来探讨这些问题。

蜂巢
©Kriss Szkurlatowski

生态系统服务的一个例子:
授粉

　　授粉是一种生态系统服务,在很大程度上取决于被授粉者(植物)和授粉者这两个物种之间的合作或共生关系。世界上至少有三分之一的农作物(尤其是许多水果和蔬菜)依赖于昆虫和其他动物的授粉。授粉者对于果园、园艺和饲料生产以及许多根茎和纤维作物的种子生产至关重要。比如飞蛾、蝴蝶、苍蝇、甲虫和脊椎动物(如蝙蝠、松鼠和鸟类)就是例子。大多数动物授粉是由蜜蜂来承担的。这证明了蜜蜂为我们生存所需的水果和蔬菜授粉。

　　蜜蜂造访花朵是为了饮花蜜和采集花粉颗粒。当一只蜜蜂落在花朵上时,花朵花药中的花粉颗粒会粘在蜜蜂的身上。然后,蜜蜂飞向另一朵花。蜜蜂身上的一些花粉被转移到这朵新花的柱头上——这样,新花就被授粉了。一旦一朵花被授粉,它就会产生一个种子,这个种子可以长成新的植物。

采集花粉粒的蜜蜂
©Laurence Packer／Cory Sheffield

长须蜂
©John Hallmen／www.flickr.com

不幸的是，全世界的蜜蜂数量都在减少。人类的许多做法都会意外杀死蜜蜂。例如，不加控制地喷洒杀虫剂，既杀死了"坏"昆虫，也杀死了"好"昆虫。宝贵的蜜蜂栖息地遭到破坏，使蜜蜂的生存空间减少。不同种类的蜜蜂需要不同类型的栖息地来觅食和栖息。清理林地会伤害那些生活在蜂巢或在倒下的原木中的物种。耕地毁坏了在地面筑巢蜜蜂的家园。

尽管科学家们还不知道蜜蜂数量减少的所有原因，但他们知道，这种减少将对生态系统和我们的食物产生巨大影响。如果授粉者数量减少，将很难种植为我们提供重要维生素和营养物质的作物，比如我们的水果和蔬菜。没有多种营养丰富的水果和蔬菜，我们最终会出现饮食不平衡和健康问题。

通常，蜜蜂有一个不好的名声——它们被人们看作是危险和烦人的，通常不受欢迎。相反，我们应该了解并且认识到授粉的重要性，这也许可以有助于提高蜜蜂的声誉。因此，下次你在花园里看到蜜蜂嗡嗡作响时，试着注意一下周围是否有果树。告诉你的家人和朋友，蜜蜂不应该被看作是有害的昆虫，因为如果他们今天早餐吃了一个水果，那要感谢蜜蜂为树木授粉！

德国波恩多样性博览会上的一个展览展示了蜜蜂在生产食物中的重要性。有蜜蜂存在，我们可以拥有整桌（左边）的食物；没有蜜蜂（右桌），我们的食物就少得可怜！
©Christine Gibb

结论

　　从某种意义上说，自然界是由"大生命"和"小生命"组成的。如果小生命得不到照顾或管理不善，大生命就无法生存。这些零碎的小生命同样非常重要，它们之间的相互作用，是维持大生命的关键。小生命由地面、天空、水中和地下的物种组成，例如，哺乳动物、鸟类、鱼类和昆虫。大生命是更广泛的生态系统。正如我们在本章中通过稻田生态系统、授粉和土壤肥力等例子所看到的，是小生命（物种）不仅维持了生态系统，而且还提供了生态系统服务，确保了地球的健康和正常运转。

瓢虫入侵
©Tobias Abrahamsen（16岁）

我们可以从这些例子中得出一个重要的教训：在自然界中，我们必须同时关注个体的"小生命"和"大生命"。在实践中，这意味着，如果我们是医生，看到任何特定物种的种群遭受痛苦，我们不会只是开出一种特定的药物来针对明显的疾病，相反，我们应该找出物种种群生病的原因。也许答案并不在于物种本身，而是由更广泛的生态系统中的一系列事件造的。你能举个例子说明自然或人为对"小生命"的影响是如何影响"大生命"的吗？

　　我们可以一起采取许多行动来提高我们自己和他人对健康生态系统重要性的认识。我们可以从采取小而重要的行动开始。例如，从建造一个玻璃生物养育箱（带有植物土壤的小容器）开始，亲身了解生态系统是如何运作的。监测并记录你在养育箱中观察到的活动。把养育箱带到学校，与同学们分享你的观察结果。无论你决定做什么，确保将你对健康生态系统的学习应用到你的日常行动中。

希腊的螳螂
©Jonas Harms（20岁）

陆地生物多样性
——土地万岁！

探索基于陆地的生态系统，从土壤深处到山顶巅峰。

Saadia Iqbal，Youthink!，世界银行

6

正如你现在所知道的，生物多样性可以通过三种不同的方式进行分类（参考第1章）。在第5章中，我们了解到一种分类方式是按生态系统分类，其中包括重要的陆地生物多样性类别。这听起来可能有点令人毛骨悚然，但你猜怎么着：你是它的一部分！我也是。没错！除非你碰巧是一条鱼，或者是一些超级聪明的海藻（在这种情况下，你真的应该上电视），否则你也算是这个群体的一员。那么他们（呃，我们）到底是谁？

陆地生态系统的种类

陆地生物多样性是指生活在陆地上的动物、植物和微生物，以及陆地栖息地，如森林、沙漠和湿地。

毕竟不是那么令人毛骨悚然! 至少……不总是。

陆地生物多样性惊人的巨大。每一种动植物物种以及它们所处的生态系统都对我们的世界有着独特的贡献，并在保持事物的微妙平衡方面发挥着作用。让我们仔细看看一些不同种类的陆地生物多样性，为什么它们很重要，以及它们所面临的威胁。

多米尼加蜥蜴
©Chad Nelson

蝇虎跳蛛
©Godfrey R.Bourne／nsf.gov

森林

森林是地球上最宝贵的财富之一——丰富的栖息地充满了动物和植物物种、药草、真菌、微生物和土壤。它们为人类提供食物、木材、药品、淡水和清洁空气，世界上数百万最贫穷的人依靠森林为生。说森林有助于孕育地球上的所有生命并不夸张。

阿塞拜疆森林
©粮农组织／Marzio Marzot

欢迎来到丛林！

森林是世界上大约80%的陆地动物和植物的家园。全世界大约有3亿人生活在森林里！

森林还影响着自然界应对自然灾害的能力。森林的破坏可能导致降雨模式的改变、土壤侵蚀、河流泛滥以及数百万种动植物和昆虫的潜在灭绝。

如果这些还不够，森林还是巨大的碳库，这意味着它们从大气中吸收碳，并将其转化为植物组织。这对于减少气候变化的影响非常重要，气候变化是由地球大气中温室气体的积聚引起的地球气候整体状态的变化。

这是一个事实！

加拿大北方森林估计储存了1 860亿吨的碳，这相当于2003年全世界燃烧化石燃料所产生的碳排放量的27倍。

资料来源：国际北方保护运动。

是什么在威胁森林？

　　尽管树木是一种可再生资源，可以自我补充，但它们被砍伐的速度超过了它们重新生长的速度。这个问题背后有许多因素，例如：

- **清理林地种植农作物：**对许多穷人来说，这是一个棘手的问题。他们砍伐树木是为了满足他们的短期需求，但从长远来看，由于砍伐树木，他们失去了森林，因此也失去了生计。经济刺激往往会说服森林所有者出售土地，砍伐森林，并种植咖啡和大豆等出口商品。然而，如果不精心管理，曾经被森林覆盖的土地通常会营养不良，所以农民只能使用几年，然后他们必须转移到森林的另一个区域，并将其清理用于耕作。有时，被遗弃的区域会被用来饲养牲畜，但在热带地区需要2.4公顷的牧场来喂养一头牛，这相当于6个足球场的大小！你可以看到，在热带雨林中饲养牲畜并不是非常可持续的。

- **砍伐树木获取木材：**人们需要木材的原因很多，包括用于燃料、建造房屋和制作家具。当个人或木材公司以不负责任的方式砍伐树木时，这一过程会对周围地区和野生动物造成伤害。非法伐木也是一个大问题。

- **对森林的其他威胁**包括采矿、定居点和基础设施发展。气候变化可能会增加病虫害的影响。据预测，气候变化还将导致许多地方出现更多的极端气候事件，如洪水和干旱，这将损害森林植物和动物的种群，并可能引发更多的森林大火。另外，降水量和温度的变化将迫使物种迁移——如果没有适合它们的栖息地，或者如果它们移动缓慢（或者对于树木来说，根本无法移动），这也许是不可能的。气候变化还改变了许多物种的物候（生物事件的时间，如开花和结果）。

©粮农组织／Roberto Faidutti

雨林

雨林可以是温带雨林，也可以是热带雨林。这两种雨林都有一些共同点：全年降水量大，植被非常茂盛、浓密和高大。这两种雨林也都有丰富的动植物物种，但热带雨林的多样性更高。热带雨林是温暖湿润的；而温带雨林是凉爽湿润的。由于人类的活动，雨林正在以惊人的速度消失：几千年前，全世界有超过1 550万平方公里的热带雨林。而今只剩下670万平方公里。这不仅是地球自然美景和多样性的可怕损失，也将损害人们的生活和福祉。

热带雨林比地球上任何生态系统都包含更多的生物多样性。虽然它们占地球总面积的不到2%，但却是地球上已发现的50%的动植物的家园！像所有的森林一样，雨林在为减少大气中的二氧化碳发挥了巨大的作用。

此外，雨林有数以百万计的植物，它们通过一种叫做蒸腾的过程来调节温度，在这个过程中，植物将水返回到大气中。蒸腾增加了湿度和降雨量，并在数英里内产生降温效果。

雨林为世界提供巨大价值的另一种方式是药用植物。据估计，我们药物中的四分之一成分来自雨林植物。到目前为止，只对不到1%的热带雨林物种进行了药用价值分析。

巴西亚马孙河流域的胭脂树种子
这些种子被当地人用来生产一种红色粉末，与植物油混合后涂在皮肤上，就像防晒霜一样，以保护皮肤免受阳光的伤害。它也被用作驱虫剂。
©Igor Castro da Silva Braga／世界银行

山脉

山脉不仅仅是看起来又大又高，它们作为生态系统的贡献也是巨大的！它们为世界上几乎一半的人口提供淡水，在每个大陆（南极洲除外），它们提供矿产资源、能源、森林和农产品。山地上的植被提供了一系列环境效益。

想一想食物……

在供应世界80%食物的20种植物中，有6种（玉米、马铃薯、大麦、高粱、番茄和苹果）起源于山区！

例如，它通过捕获空气中的水分来影响水循环。高山上的降雪被储存起来，直到春天和夏天雪融化，为周围低地的居民点、农业和工业提供必要的水源。山区植被有助于控制这种水流，防止土壤侵蚀和洪水。山区植被还有助于通过碳储存减少气候变化。许多维持人类生存的药草、野味和其他食物都可以在山上找到。

加拿大的山脉
©Curt Carnemark／世界银行

什么在威胁山脉？

居住在高地

　　山脉覆盖了25%的地球表面。它是12%人口的家园。

　　由于一些因素，包括农业和人类居住区的上坡扩张，以及木材和薪材的采伐，山区正面临着多样性的丧失。

　　动物器官和药草的非法贸易也造成了山区生物多样性的丧失。气候变化是威胁到一些物种灭绝的另一个因素。许多植物物种正在向山上移动，部分原因是气候变化，因此减少了那些已经生活在那里的生物的可用土地面积，增加了对空间和其他重要资源的竞争。另外，那些已经生活在山顶的物种无法再向上移动以适应更寒冷的环境。

土壤生物多样性

这听起来可能并没有那么令人兴奋，但你想不到有多少生物选择土壤作为它们的家！土壤包含无数的生物，如蚯蚓、蚂蚁、白蚁、细菌和真菌。事实上，一把典型的花园土壤就含有数十亿到数千亿个微小的土壤微生物。

总之，土壤生物共同为其生态系统提供了广泛的服务，如改善水的摄入和储存，防止侵蚀，改善植物营养，以及分解有机物。此外，土壤生物多样性以多种方式间接影响环境。例如，它有助于控制农业和自然生态系统中病虫害的发生，还可以控制或减少环境污染。土壤是仅次于森林的第二大碳库，有些土壤，如泥炭，实际上每公顷土地上储存的碳比森林还多。

一位坦桑尼亚妇女正在锄地
©Scott Wallace／世界银行

你知道吗？
像青霉素和链霉素这样的抗生素是从土壤生物中提取出来的。

什么正在威胁
土壤生物多样性?

土壤生物多样性正受到污染、不可持续农业、过度放牧、植被清理、野火和灌溉管理不善的威胁。将草地或森林转变为耕地会导致土壤碳的迅速流失,间接地加剧了气候变化。城市化和土壤封闭(用于住房、道路或其他建筑工程的土地覆盖)也会构成威胁,因为混凝土最终会杀死地下土壤中的生命。

还有许多其他类型的陆地生物多样性,包括干旱和半湿润地区的生物多样性(见"旱地生物多样性")和湿地生物多样性(见第7章)。它们在我们生态系统的健康和生产功能中发挥着重要作用,并使我们的地球保持多样性和美丽。

一种"脚踏实地"的生活方式……

植物的根也是土壤生物,因为它们与其他土壤生物有着有益的共生关系且相互作用。它们防止土壤侵蚀,帮助排水,防止土壤变得过于潮湿。相反,当土壤变得太干燥时,它们可以帮助土壤保湿。根还有助于土壤的形成,通过将岩石分解成小块最终成为土壤。

肯尼亚旱地的牛羚
©Curt Carnemark／
世界银行

旱地生物多样性

Jaime Webbe,《生物多样性公约》组织

干燥和半湿润的土地，也被称为旱地，覆盖了大约47%的地球陆地表面，包括从沙漠到热带草原再到地中海景观的一切。虽然旱地通常被认为是贫瘠的、死气沉沉的地貌，但它们包含了一些重要的、适应良好的物种。例如，在撒哈拉以南非洲的塞伦盖蒂草原上，每年大约有130万头牛羚、20万头平原斑马和40万头汤氏瞪羚迁徙。欧洲和北非的地中海盆地以岩石和灌木为主，容纳了这些地区特有的11 700种地方种植物。

干旱和半湿润地区的生物多样性对人类生存至关重要。例如，一些世界上最重要的粮食作物起源于旱地，包括小麦、大麦和橄榄。仅在美国就有三分之一的植源药物来自旱地。最后，与旱地生计有关的传统知识，包括牧民的传统知识，对于扩大人类选择和自由的长期进程——可持续发展至关重要。

不幸的是，干旱和半湿润地区的生物多样性正面临着人类活动的威胁。有600万～1 200万平方公里的干旱和半湿润土地受到荒漠化的影响，即土地退化到使生产减少的程度。在干旱地区，已经有至少2 311个物种受到威胁或濒临灭绝，而至少15个物种已经从野生环境中完全消失。这一趋势没有任何逆转的迹象，因为旱地是最容易受到气候变化负面影响的地区之一。例如，在撒哈拉以南非洲国家公园，25%～40%的哺乳动物可能会成为濒危动物，而由于气候变化，多达2%的哺乳动物被列为极度濒危的物种可能会灭绝。

鉴于干旱和半湿润地区生物多样性面临的挑战，现在就必须采取行动。我们需要更多地了解这些重要地区，以及它们的生物多样性在提供关键生态系统服务方面的价值。我们需要让生活在旱地的原住民参与决策。我们需要应对气候变化和荒漠化等全球性挑战。

保护区

保护区是指因其环境或文化价值而受到保护的地方。它们有许多目的，包括生物多样性的保护和可持续利用。大多数国家都有保护区。世界上有超过10万个受保护的地点，覆盖了大约12%的地球陆地表面。

管理良好的保护区支持健康的生态系统，反过来又保持人类的健康。在全球范围内，保护区满足了数百万人的最基本需求，为保护区内和周围的居民，甚至为数百公里以至数千公里以外的居民提供了食品、淡水、燃料和药品等必需品。它们还通过促进农村发展、研究、保护、教育、娱乐和旅游，使当地社区受益。保护区还可以作为气候变化和贫困的缓冲区，当然，它们也是今世后代生物丰富的蓄水池。

"如果你随机从电脑或汽车上拆卸任何零件，每个人都知道，这两个系统将变得不那么可靠，或很可能完全停止工作。当生态系统失去它们的任何物种时，也会发生同样的事情。"

Shahid Naseem
地球研究所环境研究和保护中心科学主任

你能做些什么？

这里是一些你为保护陆地生态多样性可以做的事：

海滩清理
ⓒDanil Nenashev／世界银行

:: 了解你所在社区的生物多样性。你所在的地区有哪些植物和动物是本地的？他们面临一些威胁吗？

:: 帮助保护社区的自然区域和"绿色空间"，即使是像社区公园这样小的地方。

:: 尽可能购买当地种植的有机水果和蔬菜，但也要记住，发展中国家可持续生产的产品对人民的收入和生计至关重要。

:: 购买经过认证体系认证的产品，认证体系保证在生产产品时遵守某些环境和社会原则。例如森林管理委员会、海洋管理委员会和公平贸易。

:: 帮助保持你的环境清洁和美丽；注意垃圾，选择不含任何污染物的家用产品（清洁剂、油漆等）。

:: 让你的父母在你们的花园里避免使用杀虫剂。建一个肥堆可以减少家里的垃圾，也可以给花园中的土壤施肥。

:: 尽可能关掉不用的灯，在家里改用荧光灯，使用公共交通工具或步行和骑自行车，以减少碳排放。多吃蔬菜也会有帮助！

:: 传播消息！提醒你的朋友、老师、兄弟姐妹和父母，让他们在生活中也采取这些步骤。共同努力，我们可以让我们的地球健康、美丽和充满活力！

非洲乍得湖盆地
马尔齐奥摄影 / Marzio Marzot

淡水生物多样性

探查淡水生态系统中的生命！

7

David Coates和Jacquie Grekin，《生物多样性公约》组织

淡水包括河流、湖泊和湿地，是具有丰富生物多样性的栖息地。这些系统为我们提供许多服务，如饮用水、食物（如鱼类）、运输工具以及娱乐场所。不幸的是，淡水系统是世界上最濒危的物种栖息地之一，其灭绝的速度令人震惊。

什么是淡水生态系统？

简单地说，"淡水"是不含盐的水，这个定义就把这些淡水环境与海洋或咸水生态系统区分开来。淡水生态系统有很多种类，如：

河流：水在其中流动，通常流向大海。

湖泊：较大面积的静水（浅水或深水）。

湿地：永久或暂时被水覆盖的土地区域，通常较浅，被生长在水中或与开放水域连在一起的植物（包括树木）所覆盖。湿地的例子包括沼泽、泥炭地、河口、红树林和稻田。

淡水生态系统是景观的一部分，并与土地相互作用。例如，落在土地上的雨水流入溪流和河流，并填满湖泊和湿地，携带营养物质和植物材料（如种子和叶子）。

但淡水生态系统也向陆地环境供水，例如，它们为储存在地下的水（地下水）提供补给，从而支持生活在陆地上的植物（如森林）。这些水的流动是"水循环"的一部分（见"水循环"），水循环将土地、地下水、淡水和沿海地区连接起来。

从上到下：
新西兰皇后镇的肖托弗河
©Alex E. Proimos／flickr.com

智利的一个湖泊
©Curt Carnemark／世界银行

加拉帕戈斯群岛的红树林
©Reuben Sessa

水循环

水循环是水在地球上的持续运动。在这个循环中，水可以处于不同的状态：固态、液态或气态。水通过蒸发（水从液体变成气体）、蒸腾（水在植被和土壤中的流动）、凝结和降水等过程进行流动。水在地面上流动并渗透到地下，在河流、湖泊和海洋中积聚，蒸发或蒸腾到大气中，在大气凝结成云，然后通过降水（雨、雪、冰雹和雨夹雪）回到地球表面。在循环过程中，水的状态变化需要进行热交换，因此可使环境冷却或加热（例如，蒸发需要能量，因此使环境冷却）。

水循环还具有净化水道、补充水源以及将营养物质和其他元素输送到世界不同地区的作用。

生物多样性（如树木和其他植物）是循环的必要组成部分。它们扎根的土壤吸收水分并将其安全储存，而它们的叶冠则以水蒸气的形式将水返回大气层，在大气中形成降水。大规模清除植被会扰乱循环，往往导致降雨模式改变和土壤侵蚀。因此，生物多样性支持水的可用性，供人类和其他生物使用。

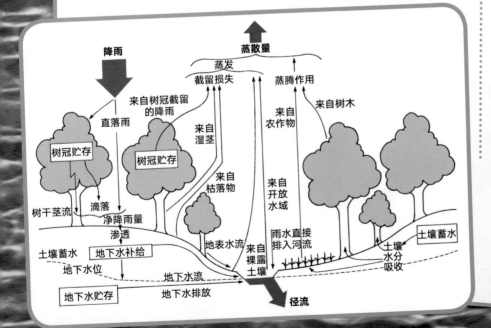

资料来源：L.S.Hamilton，2008。《森林和水》。粮农组织林业文件155号，罗马：粮农组织，3。

淡水生命

在物种层面，"淡水生物多样性"包括非常明显生活在淡水中的生命，但也包括适应生活在淡水栖息地中或周围的生命。这些生命包括：

- 鱼类
- 两栖动物（如青蛙和蝾螈）
- 依赖湿地生存的哺乳动物（如河马）（见"河马"）、淡水豚类（见"淡水豚类：濒危物种"）、鼠海豚、海豹、水獭、驼鹿、海狸、海牛
- 水鸟（如鹈鹕、火烈鸟、鹤、鸭、鹅）
- 爬行动物（如鳄鱼、海龟）
- 昆虫（如蜻蜓、蚊子）
- 水生植物和植根于水中，但有茎和叶子从水中冒出的水生植物，也有许多植物适应淡水栖息地或在附近生活，而不是永久生活在水下的植物。这包括泥炭藓、莎草（高大的草状植物，包括纸莎草）、红树林和水稻（见"稻田：可耕种的湿地"）。

肯尼亚纳库鲁湖国家公园的鹈鹕
©Thérèse Karim

河马

河马被认为是一种淡水哺乳动物，因为尽管它像牛一样在陆地上觅食，但它能适应在水中的生活。

例如，它有一个扁平的头，上面的眼睛和鼻孔突出，使它能够保持即使在水下，仍然能够看到和呼吸，而牛则无法做到。

一棵生长在老挝湄公河上的树——请注意树根是如何支撑着这棵树，使其与河流的力量相抗衡的（照片中从右到左），这是生命对河流的一种适应
©David Coates

河马在肯尼亚奈瓦沙湖游泳
©Véronique Lefebvre

肯尼亚纳库鲁湖国家公园的火烈鸟
©Thérèse Karim

7 淡水生物多样性

淡水豚类：濒危物种

淡水豚类
©Dolf En Lianne

尽管豚类通常被认为是海洋（咸水）物种，但有些海豚却只生活在淡水河流和湖泊中；其他海豚则已经适应生活在海洋和淡水两种环境中。淡水豚类与大洋性的海豚有几个方面的不同，包括有一个长得多的鼻子（相当于其身体长度的20%）和极差的视力。大多数淡水豚类的体型（约2.5

米）与更常见和更知名的宽吻海豚相当，宽吻海豚是一种海洋物种，在水族馆中随处可见，在电影和电视上也能看到。

淡水豚类有6个品种。

:: 恒河喙豚（孟加拉国、印度、尼泊尔、巴基斯坦）——"Susu"。
:: 印河豚（巴基斯坦）。
:: 亚马孙河豚（南美洲）——"Boto"。
:: 白鱀豚（中国）——"Baiji"。
:: 伊河海豚（生活在咸水和淡水——缅甸、老挝和柬埔寨）。
:: 土库海豚（生活在咸水和淡水——中美洲和南美洲的东海岸）。

中国的白鱀豚
©Cathy McGee

白鱀豚自2006年以来被认为已经灭绝，其他物种（可能例外的是亚马孙河豚和土库海豚，关于它们的数据资料很少）是高度濒危的。相比之下，宽吻海豚的数量相对较多，并没有灭绝的危险。

淡水豚类的生存受到了栖息地丧失和退化的威胁，其原因主要是水坝建设和河流改道。水坝建设和河流改道，减少了水流，工业和农业的污染、过度捕捞，以及钓鱼线和渔网的意外捕获（称为副渔获物）都是存在的威胁。

稻田：可耕种的湿地

水稻是一种依赖湿地的（淡水）植物，是世界上一半以上人口的主食。它提供了世界20%的总热量供应，在全世界至少114个国家种植，特别是在亚洲。

稻田是种植水稻的自然水淹田或人工灌溉田。水稻生长时根部被淹没，但其叶子和种子（稻米）在水面上。稻田通常在收获时干涸，说明这些系统在水生和陆生（旱地）阶段之间转换。

水稻只是一种作物。但生活在稻田里的有成千上万种水生生物体。农民通过收获爬行动物、两栖动物、鱼类、甲壳类、昆虫和软体动物供家庭消费，直接受益于这些生物多样性。但是，与稻田有关的其他生物多样性同样支持水稻本身的健康和生产力，例如，控制水稻虫害，帮助水稻植株获得营养物质。

这些湿地还支持保护国际上非常重要的常驻和迁徙水鸟种群。

越南北部老街省沙巴城外红皂村附近的水稻梯田
©Tran Thi Hoa／世界银行

淡水生物多样性的重要性

红毛猩猩生活在泥炭沼泽森林中，由于栖息地的丧失而受到威胁。它们是印度尼西亚婆罗洲和苏门答腊岛的地方特有种，在世界其他任何地方都找不到（除了被囚禁）。这只婆罗洲红毛猩猩帮助传播树木种子，包括一些只有通过红毛猩猩肠道才能发芽的物种！
©婆罗洲猩猩生存基金会

淡水生物多样性为人们提供了各种益处（生态系统服务），包括：

食物：在发展中国家，内陆渔业是许多农户为大家提供动物蛋白的主要来源。水产养殖（见"水产养殖"），即鱼类和其他水生动物（如虾）的养殖，也可为许多人提供食物和收入，湿地农业也是如此，如水稻种植。

纤维：在整个人类历史上，许多湿地植物都是制作篮子、屋顶、纸张和绳子等物品的纤维来源。例如，早在公元前4 000年，纸莎草就被用来造纸（想想古埃及的卷轴）。

娱乐和文化效益：许多河流、湖泊和湿地因其娱乐和文化效益而受到高度重视，其中一些具有很高的经济价值（如旅游业）。在发达国家，钓鱼运动也是一项重要的娱乐活动，是许多社区的重要收入来源。休闲垂钓者一直是促进淡水环境的清理以恢复娱乐效益的主要推动力。

水产养殖

水产养殖是指鱼类和其他水生动植物（如虾、青蛙、贻贝、牡蛎和海藻）的养殖。淡水水产养殖非常有益，可以为许多人提供食物和收入，特别是在发展中国家的农村。

水产养殖起源于亚洲的淡水鲤鱼养殖，现在已经很普遍。亚洲仍然在这个行业中处于领先地位，占全球产量的92%（中国占70%，亚洲其他地区占22%）。

在世界范围内，大约一半的水产养殖产量是在淡水或半咸水中（淡水和咸水的混合水域），另一半是在海洋环境中。大多数淡水中的水产养殖产量来自鱼类。主要的淡水养殖物种包括鲤鱼、罗非鱼、脂鲤、鲶鱼和鳟鱼。

淡水鱼类的生产往往比海洋物种的生产更可持续，因为大多数是基于素食而非肉食性的物种。例如，生产1千克鲑鱼（肉食性鱼类）需要2千克的鱼，这听起来并不划算。吃食物链下游的食物要更好些。

水产养殖可能会造成水污染（来自化学品的使用和废物），并引入外来入侵物种（在其自然栖息地之外扩散的物种，威胁到其新入侵地区的生物多样性）。我们必须努力解决这些影响，特别是随着水产养殖的发展，这些影响会扩大和加剧。

印度新德里附近的一个养鱼场
©粮农组织

碳储存： 气候变化主要是由于二氧化碳和其他温室气体释放到大气中。湿地，特别是泥炭地，是"碳汇"：它们从大气中清除并储存大量的碳。仅泥炭地储存的碳就超过世界上所有森林的2倍。对这些湿地的破坏导致碳释放到大气中，增大了全球气候变化的速度。人类的开发破坏了地球上25%的泥炭地。

水净化和过滤： 森林、土壤和湿地中的植物、动物和细菌也过滤和净化水。湿地植物在其组织中积累了过多的营养物质（如磷和氮）和有毒物质（如重金属），将它们从周围的水中去除，防止它们进入饮用水。它们可以被认为是"大自然的肾脏"（见"生物多样性=清洁水=人类健康"）。

洪水调节： 许多湿地提供了一个天然的洪水屏障。溪流和河流源头的泥炭地、湿草地和河漫滩就像海绵一样，吸收多余的雨水径流和春季融雪，缓慢释放到河流中，使其更缓慢地被土壤吸收，防止下游突然发生的破坏性洪水。依赖淡水的沿海湿地，如红树林、盐沼、滩涂、三角洲和河口，可以作为物理屏障，降低水的高度和水流速度，从而限制风暴潮和潮汐波的破坏性影响。随着全球气候变化导致海平面上升，世界许多地区的极端天气加剧，对这些服务的需求巨大。

卡特里娜飓风过后，新奥尔良的居民坐在屋顶上等待救援
©Jocelyn Augustino／
联邦应急管理局

生物多样性＝清洁水＝人类健康

所有的生命都依赖于水。人类每天需要2～3升干净的饮用水。没有食物，我们可以存活数周。但如果没有水，我们可能在短短两天内死于脱水。世界上有超过10亿人无法获得安全的饮用水，每年约有200万人死于由不洁水引起的腹泻，其中70%是儿童。

健康的生态系统有助于提供清洁的水。例如，许多城市从城市以外的保护区获得水资源。

在海得拉巴下游40公里处，每隔一段时间从印度穆西河采集水样。在左边，靠近城市，水受到未经处理的废物的严重污染。随着生态系统分解这些废物，下游水质得到改善
©Jeroen Ensink

对淡水生物多样性的威胁

淡水生态系统中生物多样性的丧失比任何其他生态系统类型的丧失都要快。

- 大约20%的淡水鱼类被认为已经灭绝或受到威胁，这一比例远远高于海洋鱼类。

- 在已知趋势的1 200个水鸟种群中，44%处于减少状态（相比之下，有27.5%的海鸟受到威胁）。

- 42%的两栖动物种群正在减少。

- 生活在许多不同地区的动物群体中，那些与淡水有关的物种受威胁程度往往是显著度最高的（例如蝴蝶、哺乳动物和爬行动物）。

- 平均而言，在大多数发达国家，超过一半的自然湿地面积可能已经消失。例如，在加拿大，主要城市中心附近80%以上的湿地已被改造为农业用途或城市扩张；在许多其他国家，损失率超过90%（如新西兰）。

由于人类对淡水和湿地生境的需求，生物多样性可能因为以下因素而丧失：

- 改变栖息地，排干湿地用于农业、城市发展或河流筑坝。
- 过度使用水资源，用于灌溉、工业和家庭用水，影响了水资源的可用性（仅农业生产就占到从河流中提取水的70%以上，这是世界上用水最多的地方）。
- 污染，过多的营养物质（磷和氮）以及农药、工业和城市化学品等其他污染物排放对水造成污染（见"营养物质对你不好吗？"）。
- 引入外来物种，导致本地淡水物种灭绝。

随着人口增长和对水的需求量上升，这些威胁正在迅速增加。

气候变化也正成为湿地及其生物多样性的重要威胁。它的主要影响将是淡水：融化的冰川和冰盖（这些都是淡水）导致海平面上升，以及降水量的变化（一些地区降水量减少，导致干旱，另一些地区降水量增加，导致洪水）。一项预测表明，世界上三分之一河流的水资源供应量将会减少。到2030年，世界上几乎一半的人口将生活在水资源紧张的地区。

营养物质对你不好吗？

营养物质有什么问题？它们对你不是很好吗？

所有生物都需要营养物质，如氮和磷，以便生长和生存。这就是为什么这些营养物质是农业肥料（帮助作物生长）的主要成分。过量的营养物质也包含在家庭和农场的污水中（从所有生物中排出）。

当营养物质未经处理被倾倒或被过量冲入水道时，问题就出现了：这会导致某些植物（藻类）过度生长，它们在生长和腐烂过程中会消耗水中的氧气。这个过程被称为"富营养化"，使水无法供鱼类生存，藻类大量繁殖还会使水道景观不适合人们休闲娱乐。在某些情况下，藻华甚至可能变成有毒物质。

我们可以做什么？

许多组织和国际协议旨在保护淡水的生物多样性，包括：

:: 《生物多样性公约》：该公约有一个专门用于保护内陆水域生物多样性的工作方案。

:: 《拉姆萨尔湿地公约》：这是一个政府间条约，为保护和可持续利用湿地及其资源的国家行动和国际合作提供指导。根据该条约，近1 900个"具有国际重要性的湿地"被认定。

:: 湿地国际：一个致力于为人类和生物多样性维持和恢复湿地及其资源的全球性组织。

:: 世界自然保护联盟（IUCN）、自然保护协会（TNC）、世界自然基金会/世界野生动物基金会（WWF）和保护国际（CI）都有淡水方案。还有许多其他非政府组织（NGOs）在区域、国家和地方层面处理淡水问题。

查明你的水从哪里来……

保护淡水生物多样性的第一步是了解淡水的来源以及我们对淡水的依赖程度：不仅是为了饮用，而且是为了个人卫生、种植食物、生产能源和我们的消费品。

看看你喝了多少水，以及吃、穿、开车……

全球范围内，人们每年平均使用633立方米的水。

然而，世界不同地区的水足迹差异很大；例如，撒哈拉以南非洲地区平均每年消耗173立方米，欧洲为581立方米，北美为1 663立方米。

在所消耗的水中，每年只有0.75~1.5立方米是真正用于饮用的，远低于用水总量的1%。我们以其他方式消耗更多的水，尤其是生产食品。

以下是生产典型产品的一些水需求量：

一个汉堡包：2 400升　　　一杯苹果汁：190升

一杯牛奶：200升　　　　　一件棉质T恤衫：4 100升

一杯咖啡：140升　　　　　一双皮鞋：8 000升

一杯茶：35升　　　　　　　一吨钢：230 000升

特别是肉类生产，尤其是牛肉，消耗了大量的水。生产1吨牛肉（全世界）平均需要15 497立方米的水；将其与1吨鸡肉（3 918）或1吨大豆或大麦（分别为1 789和1 388）进行比较。

一个可持续的饮食方式，是这样吗？

清洁的家园，清洁的地球……

　　另一个减少对水资源影响的方法是减少或消除化学品的使用。今天，许多洗衣粉是不含磷酸盐的，但大多数洗碗机洗涤剂并非如此。你使用的其他清洁、个人卫生和园艺产品呢？它们真的有必要吗？找出它们所含的成分，以及想想如何替代它们：例如，对于我们通常使用的许多产品，有很多可生物降解的替代品。大多数花园可以通过改变种植的植物、园艺方法和接受更自然的景观（这也可以看起来更漂亮）来避免使用化学品。

看看上游、下游和你的脚下……

　　想更多地参与吗？看看"上游"——看看维持集水区如何能改善水安全。看看"下游"——看看你如何能减少你的影响。别忘了看看你的脚下——通过避免污染或过度使用地下水，保持有助于补充地下水的地面自然环境，促进地下水的保护。

　　加入一个团体，或者开始组建一个团队，帮助清理河流和湖泊，包括河岸和湿地。支持湿地保护和恢复。提升水供应和管理的方法，利用生态系统的能力，更安全地供应清洁的水，并降低洪水风险。

好消息是……

    淡水生物多样性的丧失和生态系统的退化并不一定是不可逆转的。例如，许多国家，无论是富裕地区还是贫穷地区，都开始采取措施恢复一些过去被排干的湿地，这些湿地被破坏的时间相对较短。他们之所以这样做，是因为恢复这些湿地提供服务的好处可能超过失去这些湿地服务的成本（如水质差和洪水风险增加）。这个过程始于公众对这些生态系统带给人类的价值的认识，以及对更明智地管理湿地所取得的经济效益的认可。

加拉帕波斯蟹
©Reuben Sessa

海洋的财富

8

海洋中充满了生命，但由于人类活动和全球环境变化，海洋生物的多样性正在发生变化。

Caroline Hattam，普利茅斯海洋实验室

你知道生命起源于大约35亿年前的海洋吗？你知道科学家估计可能有多达1 000万个物种生活在海洋中吗？

海洋环境是各种美丽生物的家园，从单细胞生物体到地球上有史以来最大的动物——蓝鲸。

本章介绍了在海洋中发现的大量生命，我们对海洋的利用，以及海洋生物如何因人类的利用和全球环境变化而发生变化。

菲律宾巴拉望海星岛角海星的腹面
©Vince Ellison B.Leyeza（12岁）

热带太平洋东部的东方飞旋海豚
©William High／美国国家海洋和大气管理局渔业部

偏振光下的微生物（放射虫）。这些化石
是在巴巴多斯发现的
©Biosphoto图片社／Gautier Christian

美国夏威夷的一只绿海龟
©Mila Zinkkova／维基共享资源

海洋生命

与陆地生物多样性相比，我们对海洋生物多样性的了解要少得多，但我们确实知道一些有趣的事实：

- 在海洋中发现了35个动物门（如节肢动物和软体动物），其中14个门只在海洋中发现。
- 海洋环境是地球上最大的哺乳动物（蓝鲸）和最大的无脊椎动物（大王酸浆鱿）的家园。

- 最大的海洋哺乳动物往往以最小的海洋生物为食。例如，蓝鲸以磷虾为食。磷虾是一种小动物，每只重约1克，蓝鲸每天需要吃大约360万只磷虾！
- 海洋中最快的动物是旗鱼，它的速度可以达到每小时

100公里（想象下一次你在高速公路上时，有人以与你的汽车相同的速度游泳）。
- 已知最古老的海洋生物是在夏威夷海岸发现的一种深水黑珊瑚，估计有4千多年的历史！

蓝鹦嘴鱼
©Rosaria Macri

深海巨人

海洋环境是许多巨型动物的家园，例如：

:: 众所周知，蓝鲸可以长到30多米长，体重可以达到181吨（相当于近20辆汽车）！

:: 大砗磲可以长到1米多，并可能存活超过100年。

:: 大王酸浆鱿比大王乌贼还要大。大王酸浆鱿的重量与1头小牛差不多（约500千克），可以长到10米以上。

:: 大王具足虫是花园木虱（也称为球潮虫）的远亲，可以长到30多厘米长。

这些巨型生物中有许多生长非常缓慢，需要很多年才能成熟并产生后代。这使得它们非常容易受到人类活动和环境变化的影响，因为它们适应新环境很慢。

蓝鲸和一名潜水员
©Brianlean个人博客／www.flickr.com

大砗磲
©Ewa Barska／维基共享资源

新西兰蒂帕帕国家博物馆的大王具足虫
©Y23／维基共享资源

大王酸浆鱿，墨西哥湾
©美国国家海洋和大气管理局

海洋栖息地

　　沿海地区的生产力很高，支持大量的海洋生物。在相对较浅的沿海地区，海洋生物的数量往往是最多的，因为那里有丰富的营养物质和光照。这些营养物质是海洋生物的食物，其中许多来自陆地。有些沿海地区非常多样化，例如珊瑚礁（见"珊瑚礁"）。

珊瑚礁

　　珊瑚礁是地球上最多样化的生态系统之一，包含非常多的海洋物种。迄今为止，科学家已经描述了4 000种珊瑚礁鱼类和800种珊瑚。

　　珊瑚礁对人也很重要，它们为5亿多人提供收入、食物和生计，其中大部分在发展中国家。珊瑚对海水温度的变化非常敏感，人们担心全球变暖将导致许多珊瑚礁的死亡。

澳大利亚大堡礁
©Rosaria Macri

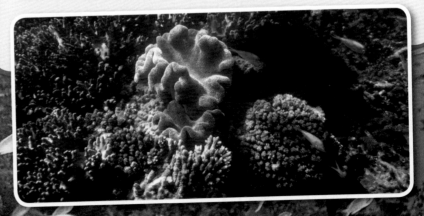

开阔的海洋包含了许多不同物种的小群落

开阔的海洋可用的营养物质很少，因此尽管其面积巨大，但它并不是密集生物种群的家园，但这些生物的多样性非常高。在这里，你会发现数以万亿计的小型单细胞生物，即浮游植物（如硅藻、甲藻和颗石藻）和大型浮游动物（如桡足类和有孔虫）。你还会发现许多种类的鱼和鲸。

在100～200米以下只有极少量的光线通过，500～1 000米以下没有光线。这个远在地表以下的环境是非常稳定、寒冷和黑暗的。许多生活在海洋这一部分的生物已经进化出特殊的适应性，帮助它们在这种环境中生存。例如，有些生物需要在夜间游到海洋的上层区域觅食，而有些生物已经发展出特殊的身体部位，称为发光器，这种发光器依靠生物性发光（它们产生光）。有些鱼类已经发育出巨大的嘴，有非常锋利的牙齿，它们的下巴可以最大限度张开（扭动）来捕捉大型猎物。

海床为海洋生物提供了重要的栖息地

我们对生活在海床上的生物的了解要比对生活在水中的生物多得多，这主要是因为底层生物的移动速度不快，比较容易捕捉！在浅海区，有可能发现海洋植物（如海草）和藻类（或海藻），它们看起来都是植物，但实际上关系不是很密切。在海床上，你还可以找到海星、海胆、多毛类蠕虫、海参、海葵、海绵、珊瑚和有壳动物，如蛤蜊、贻贝和扇贝……这个清单几乎是无穷无尽的。

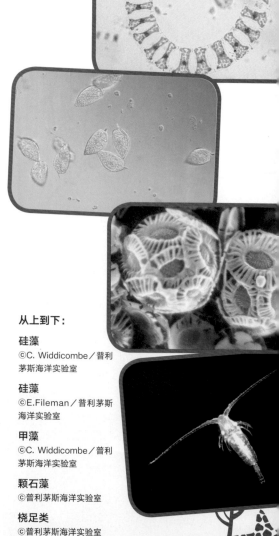

从上到下：

硅藻
©C. Widdicombe／普利茅斯海洋实验室

硅藻
©E.Fileman／普利茅斯海洋实验室

甲藻
©C. Widdicombe／普利茅斯海洋实验室

颗石藻
©普利茅斯海洋实验室

桡足类
©普利茅斯海洋实验室

深海

深海充满了奇异的和奇妙的生命。它不是一个平坦、贫瘠的地方，而是包含了许多生物多样性热点地区，即物种多样性和生境丰富的地区，如：

海山：这些水下山脉提供了一系列适合丰富多样的海洋群落的生活条件。

冷水珊瑚礁：发现于海面下200～1 000米处，它们为深海数百种不同的物种提供食物和庇护，包括具有商业价值的鱼类。

深海海绵地：这些海绵地位于清澈、营养丰富的水域，为许多无脊椎动物和鱼类提供生活空间。

热液喷口：在火山活动区发现，那里有温暖且富含矿物质的水被释放到海里。食物链的基础是将硫化物转化为能量的细菌。这些细菌支持大量的生物体生存。

天然气体水合物喷口和冷泉：这些区域位于海底，碳氢化合物和富含矿物质的冷水流入大海。在这里发现的细菌利用甲烷来产生能量，与热液喷口一样，它们支持大量的动物群落生存。

我们如何利用
海洋生物多样性

人类对海洋生物多样性的依赖比你想象的要多得多！

当你想到我们如何利用海洋生物时，你可能会想到像鱼类和贝类这样的食物。虽然海洋是重要的食物来源，但它们也提供了许多其他重要的好处，例如：

从左到右：

加拉帕戈斯红树林
©Reuben Sessa

英国莱姆雷吉斯海岸娱乐
©S.Boyne

泰国普拉帕斯海滩上学习分类学的学生
©普利茅斯海洋实验室

在实验室观察海洋微生物
©无标度网络／www.flickr.com

被大凤头燕鸥包围的拖网渔船
©Marj Kibby／www.flickr.com

- 气候的平衡：一些海洋生物（如浮游植物）从大气中吸收二氧化碳。另一些生物产生的气体，如二甲基硫化物，可以帮助形成云层，反射太阳的光线，冷却地球。

- 废物和污染物的分解和清除：海水中的细菌可以分解有机废物（如污水），有些甚至可以分解石化产品，并被用来帮助清理石油泄漏。大型海洋动物以有机和无机材料（如金属化合物）为食，可以将它们埋藏在海底。

- 减少风暴的破坏：盐沼地、珊瑚礁、红树林，甚至海带森林和海草草甸的存在可以减少海浪的能量，使它们到达海岸时的破坏性降低。

- 娱乐：数以百万计的人利用海洋环境进行娱乐，许多人被海洋环境所吸引，因为他们可以看到海洋生物（如海豚、鲸、海鸟、海豹和海牛）。珊瑚礁也是一个受欢迎的旅游景点，估计为全球旅游业创造96亿美元的收入。

- 学习经历：一些学校和青年团体带领年轻人到海滩实地考察，了解海洋生物。你的学校有没有带你去？

- 新药、生物燃料和其他产品：许多制药和生物技术公司研究海洋生物，寻找可能对人类有用的新化合物。到目前为止，已经在海洋生物中发现了12 000多种潜在的有用化合物。

- 我们的遗产和文化：海洋和海洋生物出现在许多民间故事、小说、诗歌、歌曲和艺术作品中，你能想到什么？

- 我们的健康和幸福：许多人发现靠近大海有一种放松和鼓舞人心的感觉，而看到海洋生物则更是一种享受。在海滩或海里运动被认为是改善我们健康和幸福的一种方式。

海藻的惊喜

你知道你今天可能已经吃了一些海藻吗？它就在你的牙膏里！也许你已经在你的脸上和头发上涂了一些，因为它存在于许多洗发水和化妆品中，如面霜和乳液。它还被用作肥料、动物饲料、药物、牙模和凝胶。也许你在学校的科学课上使用过它，作为一种叫做琼脂的培养基，在上面培养细菌。也许在未来，你也会用它来为你的汽车提供燃料，因为科学家已经在使用海洋藻类来生产生物燃料。

对海洋生物多样性的威胁

海洋生物多样性面临着许多威胁，这些威胁正在导致物种的混合和发现地点的变化，在某些情况下甚至是灭绝。世界自然保护联盟将27%的珊瑚、25%的海洋哺乳动物和超过27%的海鸟列为受威胁物种。特别的威胁包括过度捕捞（见"沿着食物链捕鱼"）、污染（见"污染和死亡区"）、气候变化和海洋酸化以及外来入侵物种。

气候变化导致了海洋温度的变化，这反过来又导致了物种的迁移。在北半球，一些冷水物种正在向北迁移，而在南半球，冷水物种正在向南迁移。温水物种正在向冷水物种曾经生活的地区扩大分布。

气候变化也在影响海洋的pH（或酸度）。随着更多的二氧化碳（CO_2）进入空气，更多的二氧化碳通过自然化学反应被海水吸收，这导致海洋变得更加酸化。这一现象的全部影响尚不清楚，但科学家认为这将影响贝壳或富含钙质结构（如珊瑚）的形成和许多物种的繁殖。

过度捕捞、污染和气候变化的综合影响使非本地物种更容易在新的水域定居。这些外来物种多数不存在问题，但有些是有问题的，这些存在问题的物种被认为具有侵入性。外来入侵物种很难被消除，并可能与本地物种竞争，导致整个生态系统的变化。船舶是传播外来入侵物种的罪魁祸首，它们在无意中用船身或压舱水来运输外来入侵物种。

沿着食物链捕鱼

我们喜欢吃的大多数鱼都是生长缓慢的大型鱼类（如鳕鱼、金枪鱼和鲷鱼）。随着此类鱼数量的下降，渔民们正在改变他们所捕获的物种。他们越来越多地捕捉更接近食物链底部的小鱼（如鲭鱼和沙丁鱼）。这些小鱼可能是大鱼的猎物，所以除去这些小鱼会威胁到大鱼的恢复。挪威的鳕鱼捕捞就是一个例子。随着鳕鱼数量的减少，渔民们开始以噘嘴鱼为目标。噘嘴鱼以磷虾和桡足类为食。磷虾也以桡足类动物为食，鳕鱼幼鱼也是如此。随着噘嘴鱼被捕获，磷虾增加，导致桡足类动物减少。然后鳕鱼幼鱼发现很难找到食物，使鳕鱼种群数量的恢复更加困难。

污染和死亡区

污染通过多种途径进入海洋环境。它可能来自海洋中航行的船舶、陆地（如来自工业出口、污水排放口和道路径流）和河流。它包括垃圾、污水和许多不同的化学物质，如肥料、石油和药品。

河流中携带的污染问题特别严重，在某些情况下，当含有高浓度化肥的河水到达海岸时，会导致"死亡区"。死亡区在世界各地的沿海水域变得越来越普遍。到目前为止，已经确认了有大约200个死亡区。这些死亡区有些是随季节而来，有些是永久的。最著名的污染和死亡区是在墨西哥湾北部，密西西比河与大海交汇的地方，其最大面积为22 000平方千米。

当携带大量营养物质的淡水与海洋相遇时，就会出现死亡区。淡水漂浮在咸水之上，阻止氧气向下流动。在春季和夏季，由于营养物质含量高，浮游植物迅速生长和繁殖。有些浮游植物难以消化就可能产生有毒物质。这意味着可供其他海洋生物获得的食物越来越少。随着浮游植物的死亡，它们会沉落海底并被细菌分解。

这个过程需要氧气。由于没有氧气可以进入海床，已经存在的氧气很快就被耗尽，整个海床变成缺氧状态（几乎没有溶解氧存在）。海洋动植物和陆地上的动植物一样，需要氧气才能生存。那些能够移动的动物会离开该地区，但那些不能移动的动物则只能留在原地等待死亡。

几十年来，海洋死亡区的数量不断增加
资料来源：2010年《全球生物多样性展望》第3版。

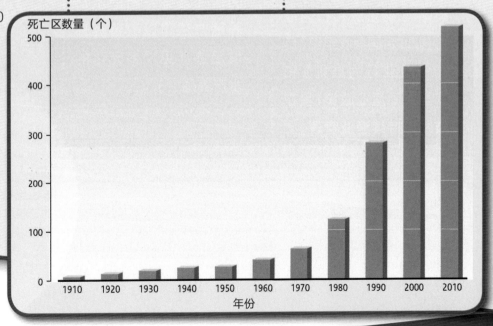

死亡区数量（个）

我们正在做什么？
拯救海洋，我们就能拯救地球

国际上有许多立法旨在保护海洋生物多样性，例如：

:: 《压舱水管理公约》一旦生效，将旨在减少船舶引入外来入侵物种。

:: 《生物多样性公约》旨在保护所有生物多样性，包括海洋中的生物多样性。

:: 国际渔业立法和行为准则（如联合国粮农组织《负责任渔业行为准则》和欧盟共同渔业政策）旨在鼓励可持续渔业管理。

有些国家也在采取行动：

:: 世界上许多国家正在建立越来越多的海洋保护区，但目前全球只有0.7%的海洋环境得到了保护。

:: 水产养殖或鱼类养殖被鼓励作为野生捕捞渔业的替代方案，新的水产养殖方法可以改善其环境足迹（见"多元化的水产养殖"）。

当地民众也在发挥作用：

:: 他们正在参与海滩清洁、海岸调查和污染运动。

:: 他们正在减少塑料袋的使用，因为塑料袋最终会被冲到海里去。

:: 他们鼓励可持续渔业，只购买带有海洋管理委员会标志的鱼。

多元化的水产养殖

一些养鱼户不再仅仅是养殖一种鱼，而是将贝类（如贻贝）、海藻等也包括在内，贝类可以过滤掉水中的有机废物（如鱼的粪便），而海藻则可以消耗养鱼场漏出的多余营养物质。就这样，养鱼户不仅可以出售鱼，还可以出售贝类和海藻。

也许你也可以这样做:

:: 在学校做一个关于你在本书中所学到的一些东西的目录，或者让你的学校组织一次海滩清理活动。

:: 在购买产品或食用来自海洋的食物时，做出有利于生物多样性的选择，例如，选择经认证的产品，如那些有经认证的可持续海产品标签的产品（www.msc.org）。

:: 最重要的是，你可以宣传关于海洋生物多样性是多么重要，以及我们需要如何保护它的信息。

美国向日葵上的小虫
©Alex Sorensen（14岁）

在农田中：生物多样性和农业

农业生物多样性对生产粮食和其他农产品至关重要，利用它可以提高粮食安全和营养，并帮助农民适应气候变化。

9

Ruth Raymond和Amanda Dobson，国际生物多样性中心

就像水和空气一样，农业生物多样性是一种基本资源，我们实际上不能没有它。但是，农业生物多样性的重要性没有得到很好地理解，因此没有得到适当的重视。其结果是，农业生物多样性在野外和农田中都受到威胁。这是一个我们无法承受的威胁。

什么是农业生物多样性？

农业生物多样性包括有助于粮食生产的不同生态系统、物种和遗传变异性。农业生物多样性的一些组成部分，如牲畜品种和作物品种，由农民和科学家积极管理。其他组成部分，如土壤微生物和许多授粉者，不需要主动管理就可以提供有价值的服务。

动植物物种内部的变异使它们能够进化并适应不同的环境条件。

农民和专业育种人员在很大程度上依赖于农业生物多样性，这使他们可以开发出能够抵抗病虫害、能够适应气候变化、具有更高营养价值的植物品种和牲畜品种。

生物多样性
和农业有什么关系？

农业依赖于相对较少的动植物物种的多样性。已经鉴定了大约25万个植物物种，其中7 000种可以作为食物。但全世界只有150种作物被大规模种植，只有3种（玉米、小麦和水稻）提供了人类饮食中近60%的蛋白质和热量。

鉴于人类对少数食物物种的严重依赖，人类依靠这些物种中的多样性生存。这种多样性可以是相当大的。例如，有成千上万种的不同品种的水稻，由农民在几千年中培育出来。菲律宾国际水稻研究所的冷库中保存了大约11万份不同的水稻品种的样本。

世界三大粮食作物：

玉米
ⒸCurt Carnemark／世界银行

小麦
ⒸBritta Skagerfalt／全球作物多样性信托基金会

水稻
Ⓒ国际水稻研究所

农作物品种在植株高度、产量、种子大小或颜色、营养物质或风味方面可能有所不同。它们对寒冷、炎热或干旱的反应也可能不同。一些品种具有抵御病虫害的能力，而这些病虫害对其他品种来说是致命的。

在野外，生物多样性是自然选择的结果：动物和植物为应对环境的挑战而进化。在田地中，通过农民、植物育种者和研究人员对有用性状的精心选择，创造了巨大的农业生物多样性。今天，现代生物技术正在改变农业生产的方式（见"生物安全与农业"）。

生物多样性的利用是农业生产的关键。农民不断需要新的植物品种，以便在不使用大量化肥和其他农用化学品的情况下，在不同的环境条件下获得高产。作物多样性为农民和专业植物育种者提供了选择，通过选择和育种，开发出营养丰富、抗病虫害的新型高产作物。

畜牧业者如果要在不断变化的条件下改善其家畜的特性，也需要一个广泛的基因库来加以利用。适合当地条件的传统品种比外来品种更能在干旱和困难时期生存下来，以此，为贫困农民提供更好的保护，使其免受饥饿。

全球农业劳动力约有13亿人，约占世界人口的四分之一（22%），占总劳动力的近一半（46%）。

资料来源：《千年生态系统评估》，2005年。

香蕉是继水稻、小麦和玉米之后的第四大重要作物。如果把全世界每年种植的所有香蕉首尾相接摆放在一起，它们可以绕地球1 400圈！

刚果民主共和国的一棵香蕉树
©Strong Roots

农业生物多样性的多种好处

农业生物多样性是每个人都可以利用的资源。事实上，世界上一些最贫穷的国家在农业生物多样性方面是最富有的。

农业多样性是饮食多样性的基础，它有助于降低死亡率，延长寿命，减少通常与富裕有关的疾病，如肥胖症、心脏病和糖尿病。

农业生物多样性可以提高农业生产率，而无需昂贵的投入。农业生物多样性的另一个好处是无形的，难以量化，但也同样重要。它涉及当人们了解其传统本土食物的价值时产生的民族自豪感和认同感。

然而，农业生物多样性的另一个优势是它可以缓冲产量。在一个多元化的生产系统中，总收成可能较低，但每年都比较稳定。这适合农村地区的小农户，他们追求的是风险最小化，确保他们的家庭总是有一些食物，而不是最大限度地提高生产率。

农业多样性是民族自豪感和民族认同感的源泉。塔吉克斯坦的面包商
©Gennadiy Ratushenko／世界银行[www.flickr.com/photos/worldbank/4249171838]，第121页

吉尔吉斯斯坦当地市场
©Nick van Pragg／世界银行

农业多样性有助于将风险降至最低。不同的马铃薯品种可以在不同的条件下生长，并可用于各种菜肴。在安第斯山脉的高处一些社区，农民将在一小块土地上种植4～5种马铃薯。许多农民仍然在根据地形测量他们的土地，这是一个家庭种植马铃薯所需的区域。地形的大小各不相同：与低海拔地区相比，高海拔地区的地形更大，因为土地需要更多的时间在种植之间休耕和恢复
©厄瓜多尔国家农业研究所（INIAP）

生物安全与农业

Ulrika Nilsson，《生物多样性公约》组织

一万多年来，农民选择并保存他们最好的种子和动物进行育种，以便未来的植物品种和动物品种在大小、味道、生长速度或产量方面具有更好的品质。近年来，被称为现代生物技术的新技术使科学家能够以比传统方法更快的速度改造植物、动物和微生物。

科学家可以从植物或动物细胞或细菌中提取单一基因，并将其插入另一种植物或动物细胞，从而形成改性活生物体（LMO）。LMO通常也被称为转基因生物（GMO），

尽管LMO和GMO有不同的定义。虽然现代生物技术有可能改善人类的福祉，例如提高农业生产率，但人们对改性活生物体可能给生物多样性和人类健康带来的风险表示担忧。

作为回应，世界各国领导人通过了《卡塔赫纳生物安全议定书》，这是《生物多样性公约》的一项补充协议。该议定书通过鼓励改性活生物体的安全转移、处理和使用来保护生物多样性。它通过制定规则和程序来规范从一个国家到另一个国家的生物体的进出口。

截至2011年10月，已有161个缔约方（160个国家和欧盟）通过了该议定书。

该议定书描述了两个主要程序。一个是针对打算直接引入环境的改性活生物体，如活鱼和种子，这被称为事先通知协议（AIA）程序。另一种是用于食品、饲料或加工的改性活生物体（LMOs-FFP），如番茄。根据第一种程序，各国必须评估改性活生物体是否会带来任何风险。根据风险评估结果，一个国家可以决定是否进口改性活生物体。

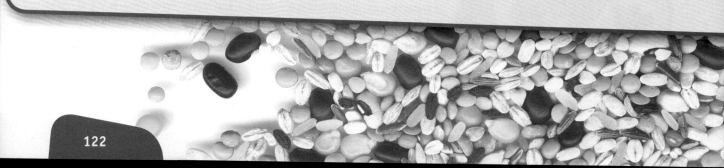

根据第二种程序，批准改性活生物体在国内使用和投放市场的国家必须通知其他国家，并通过一个被称为生物安全信息交换所（BCH）的中央信息交流机制提供相关信息。如果一个国家决定进口将被释放到环境中的改性活生物体，它必须将其决定和风险评估的摘要通报给生物安全信息交换所。各国还必须确保从一个国家运到另一个国家的改性活生物体得到安全处理、运输和包装。改性活生物体的运输必须附有明确说明其身份以及对其

1994年引进了第一种商业化种植的改性活生物体，一种经过改良的抗腐烂番茄
©粮农组织／Olivier Thuillier

安全处理、储存、运输和使用要求的文件。

如果你对生物安全问题感兴趣，你可以鼓励你的政府成为该议定书的缔约国（如果尚未加入的话），向其他人宣传生物安全问题，与你的老师讨论可能的生物安全公共教育活动，设计在你的社区使用生物安全意识材料，或者建立一个青年生物安全网络来交流信息。

对农业生物多样性的威胁

随着现代农业的出现，数不清的适应当地的作物品种被基因一致、高产的现代品种所取代。例如，在中国，1949年—1970年，农民种植的小麦品种从约1万种降至1 000种。

印度农民曾经种植了3万种水稻品种，今天，印度75%的水稻作物仅来自10个品种。1930年，在墨西哥已知的玉米品种中，现在只有20%可以在那里找到。过度放牧、气候变化和土地利用的变化也对农作物和其他野生物种的野生近缘种的多样性受造成损害。

灭绝是一个自然发展过程。物种的出现、繁衍和消亡经历了漫长的岁月。令人震惊的是，主要由于人类的活动，今天的灭绝速度比新物种出现的速度大了数千倍，这威胁着我们星球的生命维持系统。

在过去的100年里，多达75%的农作物遗传多样性可能已经丧失。

气候变化的影响

随着世界人口的增加，环境问题正在加剧。气候变化可能导致世界生态系统的急剧变化，并有可能破坏天气模式的稳定，导致严重风暴和干旱的发生率增加。

农业生物多样性是我们应对气候变化给农业带来威胁的最大希望。随着天气模式的变化，农业系统肯定要进行调整。好消息是，最多样化的农场——那些拥有和使用最多多样性的农场，将能更好地抵御气候变化的冲击和不可预测性。

利用农业生物多样性来开发能够承受高温或耐旱的作物品种，可以帮助农民应对气候变化的影响，使他们能够在条件越来越恶劣的情况下种植作物。

坏消息是，气候变化将影响到我们种植的东西和我们种植的地方。最近的研究发现，到2055年，所研究的43种作物中有一半以上（包括小麦、黑麦和燕麦等谷物）将失去适合其种植的土地。这种损失在撒哈拉以南非洲和加勒比海地区尤为严重，这些地区的应对能力最差。而作物的野生近缘种——多样性的重要来源，也面临着风险。2007年，科学家们利用计算机模型预测了气候变化对主食作物野生近缘种的影响。他们发现，在未来50年内，所分析的51种野生花生中，多达61%的物种，以及108种野生马铃薯中，12%的物种可能因气候变化而灭绝。

多样性的守护者

世界各地都有一些人致力于保护农业生物多样性，并利用农业生物多样性来改善自己和他人的生活。他们是多样性的守护者：他们对多样性的热情正在帮助（在大大小小的方面）创造一个更健康、粮食更安全的世界。

多样性的守护者有农民、研究人员、作家和艺术家。他们包括Adelaida Castillo，她在秘鲁安第斯山脉的农场中保存了80种藜麦，以纪念在摩托车事故中不幸去世的儿子。他们包括日本著名艺术家Mitsuaki Tanabe，他用自己的艺术来传达保护野生稻和保护其生长环境的迫切需要。他们还包括意大利佩鲁贾大学的植物科学家Valeria Negri，她毕生致力于拯救濒危的意大利作物多样性。

Adelaida Castillo展示了一块名为多样性冠军守护者的牌匾，这是她因收藏藜麦而获得的荣誉
©A.Camacho／国际生物多样性中心

Mitsuaki Tanabe和他捐赠给全球作物多样性信托基金会的野生稻雕塑
©全球作物多样性信托基金会

Valeria Negri与她的大蒜、豌豆和番茄
©T.Tesai

你如何才能成为一名多样性的守护者？

与你的父母和祖父母谈谈他们在你这个年龄时常吃的食物，请他们告诉你他们的食物记忆，是否有什么食物对他们有特殊意义？是否还能找到他们年轻时喜欢的水果和蔬菜？将他们所说的一切写在笔记本上，并将结果与你的同学进行比较，他们也会采访过他们的长辈。讨论答案的异同，并思考人们可能给出不同答案的一些原因。

试着找到你父母和祖父母访谈中提到的一种或多种水果或蔬菜的种子，在你的花园或窗台上种植。尽可能多地了解植物：它是如何生长的，如何使用，如何食用。与你的同学一起，制作一本只使用当地传统植物的食谱。尽可能地食用当地食物。

生物多样性的 保护和可持续发展

我们需要为了后代维护自然资源。

Terence Hay-Edie和Bilgi Bulus，全球环境基金小额赠款计划
Dominique Bikaba, Strong Roots

10

什么是生物多样性保护？谁在参与？他们是做什么的？生物多样性保护如何融入可持续发展等其他大的目标？可持续发展到底是什么？本章将仔细研究生物多样性保护，以及它如何符合可持续发展的更大概念。

什么是可持续发展？

人类使用地球上的资源，如森林、石油和矿物。这些资源中的许多都是经过几千年甚至几百万年的积累或增长的！

2010年世界自然基金会《地球生命力报告》估计，如果我们继续保持目前的消费模式，到2030年，我们将需要相当于两个星球的资源来支持人类的生活。

我们将在哪里找到第二个星球？

如果我们找不到会怎样？

还有什么替代方案？

人类的可持续发展是指在地球上生活，而不采取超过可以自然替代的方式。它关乎健康、良好的生活条件和为每个人创造长期的财富。所有这些都必须发生在地球的承载能力范围内。

要理解可持续发展，请思考它的三个支柱。"经济财富""社会公平"和"环境健康"。或者换句话说，"收益""人类"和"地球"。这三者是相互联系的，也就是说，任何发展不仅要在经济上合理，而且要有利于社会公平和环境健康。参见"可持续发展的定义"，阅读可持续发展的各种定义。

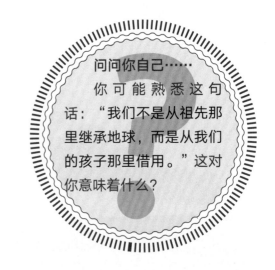

问问你自己……

你可能熟悉这句话："我们不是从祖先那里继承地球，而是从我们的孩子那里借用。"这对你意味着什么？

地球

人类

可持续发展

增长

可持续发展的定义

定义可持续发展有很多方法。综合以下定义来形成你自己的定义。

"在支持生态系统的承载能力范围内改善人类生活质量"。

世界自然保护联盟（IUCN）、联合国环境规划署（UNEP）和世界自然基金会/世界野生动物基金会（WWF）

"可持续发展是在不损害子孙后代以满足自身需要的前提下有能力满足当前需要的发展。"

联合国《我们共同的未来，布伦特兰报告》

"仅从地球上获取它能够无限提供的东西，因此留给后代的东西并不少于我们自己所能获得的东西。"

苏格兰地球之友

"可持续发展包括同时追求经济繁荣、环境质量和社会公平。旨在实现可持续发展的公司需要的不是单一的财务底线，而是三重底线。"

世界可持续发展商业理事会

可持续发展

经济发展　环境保护　社会进步

可持续发展的基础是经济财富、社会公平和环境健康

将生物多样性的保护与
可持续发展紧密联系起来

"生物多样性"对人类和人类发展意味着什么？生态系统的健康与居民的生活质量密切相关。如前几章所述，生物多样性是可持续发展"环境健康"支柱的一个关键组成部分。

生物多样性为人们提供基本的生态系统产品和服务。它提供食物、纤维和药品等产品，以及空气和水的净化、气候调节、侵蚀控制和营养循环等服务。

生物多样性在推动发展的经济行业中也发挥着重要作用，包括农业、林业、渔业和旅游业。超过30亿人依赖海洋和沿海生物多样性，16亿人依赖森林和非木材森林产品（如树木的果实）为生。许多人直接依赖可用的土地、水、植物和动物来养家糊口。事实上，生态系统是所有经济体的基础。

生物多样性保护

人类

可持续发展

问问自己……

如果这不是我的呢？

我拥有的所有东西真的是我所需要吗？

我真正的需求是什么？

一开始可能很难看出来，但当你仔细观察人与生物多样性之间的关系时，你肯定会认识到一些不可持续发展的行为。试着问自己一些困难的问题！

我真正明白我吃的东西是什么，它如何被制造出来以及它被运输了多远吗？

我的房子是节能的吗？

我的电脑是否含有持久性有机污染物？

我的生活方式对社会和环境有什么影响？

我最喜欢的交通方式是什么？

我知道如何节省电力和汽油吗？

我需要做什么才能更可持续发展？

保护机制

保护生物多样性的方法不止一种。由于生物多样性及其对社区的用途不同，保护机制也应不同。雨林的生物多样性保护计划与草原或沼泽的计划是不同的。不同的方法涉及不同的人群。有不同类型的景观，每个景观都是为了不同的目的而使用或保护。有不同的策略和时间框架来实现类似的目标。

就地保护和迁地保护

就地和迁地是拉丁语中"现场"和"非现场"的意思。它们是生物多样性保护的两种不同但互补的方法，各自发挥着独特而重要的作用。就地保护发生在自然界，例如在保护区、传统农场、自然保护区或国家公园。迁地保护是指将一个物种的样本置于动物园或植物园等人工环境中。

就地保护有助于保证一个物种在其自然栖息地的生存。

它对于观察一个物种的行为，了解个体如何与本物种的其他成员以及其他物种互动，以及将一个物种归类为地方性物种（如只存在于特定区域）、稀有物种或面临灭绝威胁的物种（见"类人猿的就地保护"）非常重要。就地保护也使研究人员能够确定一个物种在全世界的分布，评估传统社区对保护的贡献，并为当地的保护行动提供信息。

在联合国各机构和政府的帮助下，世界自然保护联盟将保护区划分为7个主要类别：

- **Ia类：** 综合自然保护区
- **Ib类：** 野生自然区
- **II类：** 国家公园
- **III类：** 自然遗迹
- **IV类：** 栖息地和物种管理区
- **V类：** 陆地和海洋景观区
- **VI类：** 管理自然资源保护区

迁地保护应作为"最后的手段"或作为就地保护的补充。迁地保护很少足以挽救物种免于灭绝。然而，它是环境和物种教育方案的一个关键要素，因为它为公众提供了在一个地方观察世界各地稀有物种的机会。如果你曾经参观过动物园、动物保护区、植物园或种子库，你就看到过迁地保护。

不同种类的迁地保护有不同的目标和特性。

问问你自己……
你的国家都有哪些保护区？这些保护区内是否有面临灭绝风险的动物物种？

类人猿的就地保护

你知道所有类人猿都是濒危物种吗？全世界有4种大型类人猿：大猩猩、黑猩猩、倭黑猩猩和红毛猩猩。它们都生活在世界的不稳定和贫穷地区，如非洲中部和东南亚。

刚果民主共和国是4种大型类人猿中3种类人猿的天然家园，包括倭黑猩猩，它是该国的地方特有物种。

山地大猩猩，卢旺达
©TKnoxB

不同种类的迁地保护

动物园专注于公共教育、保护科学和动物管理研究。

一个小男孩在底特律动物园遇见了一只北极熊幼崽塔利尼
©David Hogg／www.flickr.com

庇护所的目的是保护动物并最终将它们放归大自然。大多数动物都是从偷猎者（非法猎人）、宠物商贩等手中没收的。例如，泛非保护区联盟（PASA）的建立是为了联合非洲的保护区，这些保护区的出现是为了应对森林砍伐、丛林猎杀、人类侵占和疾病，而这些因素正在毁灭野生灵长类种群。

坦桑尼亚西部马哈尔山国家公园的施氏黑猩猩
© G.Wales

植物园用于进行植物研究、样本展示和培训。

蒙特利尔植物园的一棵凤梨
©Christine Gibb

种子库更像是博物馆。如果种植或自然中的种子储备遭到破坏或灭绝，种子库所储存的植物材料可作为种植来源。种子库还为研究人员和育种者提供对农业很重要的作物种子。

挪威的斯瓦尔巴种子库是作物多样性的终极安全之地
©全球作物多样性信托基金会

生产性景观的保护

虽然保护区和公园仍然是全球生物多样性保护的基石，但保护工作并不局限于这些地方。没有具体保护目标的大型生产性景观可以包含大量生物多样性，同时为人类提供食物、住所和其他生态系统服务。

农田、材林、草原、河流和海洋区域是对生物多样性同样重要的生产性景观。这些景观的管理目的是生产和收获食物、木材、能源和海洋资源。即使生物多样性保护不是主要目标，这些景观的管理也必须敏感关注生物多样性。

否则，资源开发会损害生态系统的长期健康及其供应食物、木材、能源和其他资源的能力。认识到这一点有助于对可持续农业、可持续林业、可持续草原管理和可持续渔业的促进。

遮阴咖啡种植园是一个生产性景观的例子，也为其他形式的生物多样性提供了栖息地。这座哥伦比亚咖啡农场为逐渐减少的物种（如蓝林莺）提供了重要的冬季栖息地

咖啡种植园
©Brian Smith／美国鸟类保护协会

蓝林莺
©Jerry Oldentel／www.flickr.com

咖啡豆
©Jeff Chevrier

监测

　　密切监测生物多样性是另一项重要的保护措施，它涉及定期检查生态系统和生活在其中物种的整体健康状况。从持续监测方案中收集的数据有助于为管理计划提供信息，并改善生产性景观活动的可持续性。当活动以工业规模进行时，监测尤为重要，因为它们比当地社区以较小的生存规模开展的类似活动的影响更大。

法律和社区执法

　　保护机制可包括法律或社区执法。生物多样性保护官员要确保依赖该地自然资源的社区完全参与到保护活动中。官员在执法中要记录社区参与的细节。当法律不被尊重时，非法伐木、采矿和捕杀丛林动物就会侵蚀保护工作的利益。

传统知识与实践

在许多情况下，传统知识有助于保护野生动物和生态系统，确保"自然平衡"。根据《生物多样性公约》（CBD），传统知识包括"世界各地原住民和地方社区的知识、创新和实践，这些知识是根据几个世纪以来获得的经验发展起来的，并适应当地的文化和环境，以口头方式代代相传。"

传统知识是集体所有的，其形式包括故事、歌曲、民间传说、谚语、文化价值观、信仰、仪式、社区法律、当地语言和农业实践，包括植物物种和动物品种的发展。《生物多样性公约》第8条（j）呼吁各国尊重、保存和维护原住民和地方社区的知识、创新和实践，体现与生物多样样保护和可持续利用有关的传统生活方式。

因此，生物多样性保护工作者必须确保直接依赖自然资源的社区参加保护活动，并保证他们在整个保护过程中的积极参与。任何生物多样性保护项目的成功都离不开某种形式的社区参与。

世界各地也有许多社区保护区的好例子。这些地方由社区世代管理，以可持续利用药用植物和泉水等自然资源，甚至用于宗教目的。这些地方可能有政府保护或书面管理规定，也可能没有。然而，社区成员已经制定了公认的、受人尊重的规则，这些规则往往比任何法律都要强大，并已被世代奉行。最终的结果是资源的保护和可持续利用。一些政府现在在法律上承认传统做法，并将原住民和当地社区视为生物多样性的习惯管理者。

研究和技术
在生物多样性保护中的作用

生物多样性保护不是在真空中进行的。正如我们所看到的，生物多样性保护需要许多不同群体的参与，利用各种就地和迁地保护机制开展工作。研究和技术为生物多样性政策和保护活动提供了信息，使其得到加强和推动。

研究人员，如生物学家、生态学家和社会科学家在保护中发挥着各种作用。他们识别物种和它们的栖息地、确定高生态价值的区域、指出威胁，并提出创新战略和解决方案。研究人员使用各种方法，如实地调查、观测和实验，以及包括遥感设备、数据分析、软件和实验室测试等技术。

一名研究人员利用全球定位系统记录了在乌干达布东戈森林布辛吉罗的非法采伐
©Zinta Zommers／英国牛津大学

研究成果对生物多样性保护非常重要。事实上，当地社区可以成为生物多样性保护研究的重要贡献者，并应参与到研究和保护过程的各个环节。研究成果也被一些致力于保护和发展的活动家、记者、政府决策者甚至企业所使用。技术的创造和应用也是对生物多样性保护研究有益的。

技术的发明、选择、评估、测试和应用是为了解决具体问题。技术可以从富国转移到穷国，反之亦然，这一过程对社区发展也至关重要。然而，在使用任何技术之前，关键是要清楚地了解其特点，以便其干预不会损害当地的生计、传统、文化或环境。

"发展中国家保护的技术和管理考虑因素"介绍了发展中国家技术和管理计划的一些考虑因素。

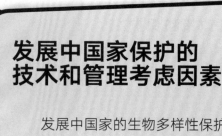

澳大利亚考拉
©Rosaria Macri

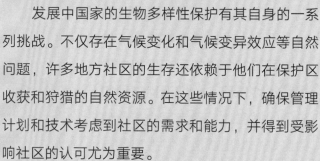

发展中国家保护的技术和管理考虑因素

发展中国家的生物多样性保护有其自身的一系列挑战。不仅存在气候变化和气候变异效应等自然问题，许多地方社区的生存还依赖于他们在保护区收获和狩猎的自然资源。在这些情况下，确保管理计划和技术考虑到社区的需求和能力，并得到受影响社区的认可尤为重要。

结论

　　生物多样性保护和可持续发展是两个相互关联的分支，一方面关注社会进步、经济增长和环境保护，另一方面关注生态系统保护。

　　保护工作包括在国家公园和社区保护地等保护区内所开展的工作，以及在其他具有丰富和重要生物多样性的地区所开展的工作，而保护并不是主要的工作重点，重点正是在后一种生产性的景观中，最需要可持续性保护和发展。可持续农业、可持续渔业和自然资源的可持续管理是保护这些景观，以获得长期社会、经济和生态效益的主要途径。

水是人类和动物的生命线
©Chaitra Godbole（17岁）

生物多样性
与人类

我们可以发挥作用：在决策过程中反映自然系统的多样性。

11

Ariela Summit，生态农业合作伙伴

生物多样性保护离不开影响生态系统所有人的参与——从采伐森林木材的伐木工，到在超市购买食物的消费者，再到对生态敏感地区的建筑进行限制的城市政府。

这些利益相关者通过他们有意识和无意识的选择，影响着他们周围世界的多样性（见"哪些利益相关者应参与生物多样性保护？"）

不可避免地，我们通过自身的存在改变了我们所处的生态系统，但我们可以做出有利于多样性或破坏多样性的积极或消极的选择。

例如，伐木公司可以选择以可持续减少森林覆盖率的方式采伐木材，模拟森林火灾行为，并为古老的树木让路。

作为消费者，我们可以在杂货店里选择当地的产品，支持适合当地的水果和蔬菜品种。那些体现出其种群多样性的地方，国家和国际政府机构更有可能为粮食安全、气候变化和环境退化等问题提出可持续的解决方案。

哪些
利益相关者
应参与
生物多样性保护
？

1 国际组织
2 政府
3 私营部门
4 民间社会组织
5 地方社区
6 媒体
7 个人

哪些利益相关者应参与生物多样性保护？

利益相关者可以是个人，也可以是团体的代表，他们有利益关系，可以影响或受特定决策、行动的影响。为了实现可持续发展，保护生物多样性需要各方利益相关者的合作，包括个人、政府、私营部门、民间社会组织、媒体、地方社区和国际组织。

每一个群体都可以发挥重要作用。这些群体中没有一个可以单独消除贫困、实现社会公平，或扭转生物多样性的丧失。只有当这些群体共同努力，他们才能应对这些巨大的挑战。

1 国际组织将生物多样性和发展列入全球议程，并根据全球紧急情况和优先事项确定保护计划。联合国与各国政府和民间社会组织密切合作，确保通过谈判达成原则，并向最需要的人提供资金和支持。

2 政府可以对其经济进行监管，以便考虑对人类和地球的经济影响。政府制定管理工具和法规，制定和实施保护政策，并指定保护区（如国家公园、社区保护区、森林保护区、动物保护区和狩猎保护区）。

3 私营部门也可以生产服务于全人类和全球的产品和服务。他们可以提供"耐心资本"，这是一种长期资金，可用于启动或发展企业，而不期望可以快速盈利。与通常期望中短期盈利的标准商业资金不同，耐心资本认识到，对人类和地球的益处可能需要更长的时间。

哪些利益相关者应参与生物多样性保护？

1 国际组织
2 政府
3 私营部门
4 民间社会组织
5 地方社区
6 媒体
7 个人

体的利益，从使用自然资源的人到依赖生态系统服务的当地社区，再到动植物及其栖息地。

4 民间社会组织包括普通人、公民团体以及儿童和年轻人。民间社会组织通常是非政府的、非营利性的、非军事和非个人的。这些组织既有世界自然基金会/世界野生动物基金会（WWF）和世界自然保护联盟（IUCN）等这样的大型专业国际组织，也有原住民团体或邻里协会等当地社区组织。民间社会组织代表不同群

5 地方社区生活在保护区内和周围，有助于决策，并确保公平分享利用生物多样性所带来的利益。

6 媒体是人民、政府、私营部门和其他行为者之间的"调解人"。媒体传递信息，提高认知，有时还游说支持或反对政府或私营部门的决策。一些

媒体机构专门研究保护问题，如美国的国家地理学会和英国的英国广播公司（BBC）。

7 个人的消费选择会影响市场。个人应该意识到自己在衣着、住房、旅行、饮食和其他方面的选择。

如果你认为你没有影响地球，那就再想想吧！

社会是由个人行为构成的。

多方利益相关者进程

多方利益相关者进程是为生物多样性保护创造持久解决方案的重要工具。从本质上讲，它们是一个过程，不同的利益群体，无论是政府、企业、农业学家还是房地产开发商，通过协商制定计划以实现特定目标。尽管多方利益相关者进程在范围和规模上可能差异很大，但它们存在着某些共同的要素。通常，他们都是基于透明和参与的民主原则。

在社会科学的背景下，透明意味着所有的谈判和对话都是公开进行的，信息是自由共享的，参与者要对他们在进程之前、期间和之后的行为负责。从参与的道德规范上看，如果没有所有利益相关者的参与，解决方案将不能准确地解决现实生活中的压力，因此可能不会成功。

农村居民，尤其是那些生活在他们本地的居民（原住民），是生物多样性的重要管理者（见"原住民、地方社区和生物多样性"），不幸的是，往往正是这些人被排除在有关土地权利和资源管理的对话之外。拥有更多资本（企业）或更高声望（政府）的利益相关者们经常掩盖了农村穷人的声音。

世代生活在这片土地上的人们拥有宝贵的信息库，包括本地植物和动物品种、种植特定作物的小气候以及药草的用途。这些人往往依赖这些资源生存，并开发了复杂的系统来维护有利于他们日常生活的生物多样性。

然而，农村的原住民越来越多地被捆绑在更大的系统中，而这些更大的系统需要从大规模破坏原有生态系统中获益。

当亚马孙河畔的古老雨林被烧毁，为养牛生产让路，以满足日益增长的全球廉价牛肉市场的需求时，生活在这片土地上的人们可能会在短期内从土地权利或工作报酬中受益。然而，从长远来看，他们却要承受土地转换的生态后果的影响，其中通常包括水的污染、土地肥力的退化以及植物和动物多样性的破坏。生物多样性保护的成功战略必须包括以不损害甚至可能有利于当地生物多样性和直接依赖土地生存的人的生计的方式，去种植或采集食物的方法。在制定这些解决方案时，必须让当地人以及影响他们的更大的全球化市场和权力机构都参与进来。

原住民是指居住在已知与他们有最早历史联系地理区域的任何种族群体。

北美土著儿童
©Esperanza Sanchez Espita

原住民、地方社区和生物多样性

John Scott，《生物多样性公约》组织

原住民和当地社区（ILCs）与自然界，特别是与当地动植物有着特殊的关系，这使他们成为《生物多样性公约》的重要合作伙伴。原住民和当地社区长期以来一直与自然和谐共处，并照顾地球上的生物多样性，他们的不同文化和语言在很大程度上代表了人类的文化多样性。尊重和促进当地社区的知识、创新和实践将是我们拯救地球上的生命努力的核心。

一个有趣的例子可以说明原住民在维护生物多样性方面的重要作用，这个例子可以在澳大利亚东北部潮湿的热带地区找到。热带雨林中的传统原住民，即雅拉尼人，数千年来一直在潮湿的热带地区实行林火管理。作为在丛林中开辟空地的直接结果，袋鼠和小袋鼠等食草动物从西部平原迁入森林。雅拉尼人的林火管理实践也促进了不同物种的植物和真菌在这些空地上重新生长。

有一种特殊的蘑菇品种，是一种小型有袋动物草原袋鼠的主要食物来源，只生长在这种空地的边缘。

殖民化之后，包括雅拉尼人在内的许多传统原住民被迁往教会或政府保护区，无法再管理他们的传统土地或实践他们的文化。林火管理的突然中断，导致了森林中食草动物的减少，也导致了草原袋鼠的濒临灭绝。生活在丛林空地及其周围的植物也急剧减少，因为许多当

152

地种子必须暴露在火中才能发芽。

近年来，雅拉尼人已经回归了他们的传统土地。

他们正在与国家公园管理层合作，重新引入林火管理，生物多样性正通过传统林火管理实践获得重生。

资料来源：Hill，2004年。

澳大利亚塔斯马尼亚州，塔斯马尼亚草原袋鼠（*Bettongia gaimardi*）
©Noodle Snacks／维基百科

社会性别与生物多样性保护

在承担家庭责任中，妇女往往是主要的照料者，她们在保护植物遗传资源方面也起着核心作用。她们在这方面所做的工作往往被低估了，因为在家庭交易中没有货币易手。由妻子、母亲和女儿维护的菜园中的叶菜和药草成为微量营养素的重要来源。在贫瘠的年份，野生植物可以成为热量的重要补充来源。

妇女还掌握着关于哪些本地物种的品种可用于药用，以及如何安全有效地制备它们的大部分知识。撒哈拉以南非洲地区的妇女以及拉丁美洲和太平洋地区的原住民社会往往直接负责作物生产，并在此过程中管理种子储存、保护和交换。保护和可持续利用生物多样性并分享其利益需要了解和考虑社会性别与生物多样性之间的联系（见"社会性别与生物多样性之间的联系"）。

成功的保护生物多样性战略必须要做出一些特别的努力，要把妇女和原住民纳入其中。

由于男性和城市人口往往拥有更多权力，有关生物多样性的教育和宣传必须特别针对那些传统上对自然资源没有发言权和控制权的人。

加纳阿亚科马索，一名妇女
在她的农场收获棕榈果
©Christine Gibb

菲律宾森林恢复的辅助自然再生（ANR）方法
©Noel Celis

　　为了确保这些群体被纳入规划中，可以在政治委员会或生物多样性项目委员会中为他们保留一定数量的名额。如果妇女因其家庭责任而无法参加，则必须为其安排儿童托管。

　　在许多方面，原住民和妇女在保护生物多样性方面具有最大的利益，因为他们的生计直接依赖于生物多样性。因此，与改善生计相结合的生物多样性保护工作最有可能取得成功。

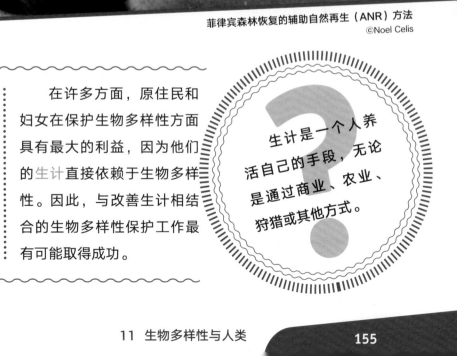

？生计是一个人养活自己的手段，无论是通过商业、农业、狩猎或其他方式。

社会性别与生物多样性之间的联系

Marie Aminata Khan,《生物多样性公约》组织

对女孩和男孩进行生物多样性教育是非常重要的，秘鲁的学生在学习农作物知识
©粮农组织／Jamie Razuri

生物多样性对个人的重要性因社会性别而异。社会性别是指男性和女性所扮演的社会角色以及他们之间的权力关系，通常对自然资源的使用和管理有着深远的影响。社会性别不是基于男女之间的生理差异。

社会性别受文化、社会关系和自然环境的影响。因此，根据价值观、规范、习俗和法律，世界不同地区的男性和女性承担着不同的社会性别角色。社会性别角色影响着男性和女性所面临的经济、政治、社会和生态方面的机会和限制。例如，在发展中国家，女性农民贡献目前占所有粮食产量的60%～80%，但在获取和使用生物多样性资源的决策中，其社会性别问题往往被忽略。

正如贫困社区对生物多样性丧失的影响感受尤其强烈，生物多样性丧失的影响在社会性别方面也存在差异。生物多样性的丧失增加了妇女和儿童执行某些任务的时间，如收集燃料、食物和水等宝贵资源，从而影响了获得教育和两性平等的机会。

为了保护生物多样性，我们需要了解并揭露社会性别差异化的生物多样性实践，以及有社会性别差异的知识获取和使用。各种研究表明，整合了性别因素的项目比没有整合的项目产生更好的结果。社会性别所考虑的不仅仅是妇女问题，而是重视这个问题可能会给整个社区带来好处，并使两性都能受益。

"千年发展目标"强调了两性平等、减贫、生物多样性保护和可持续发展之间的明确联系。

在我们扭转生物多样性丧失、减少贫困和改善人类福祉的前景和方法中，应包括上述这些见解。

《生物多样性公约》（CBD）认识到了上述这些关联，制定了一项性别行动计划，确定了《生物多样性公约》秘书处在激励和促进国家、区域和全球各层面努力推动两性平等和社会性别观点主流化方面所发挥的作用。

生活方式选择

发达国家和发展中国家不断增长的人口水平和消费水平在很大程度上都是造成全世界生物多样性丧失的原因。在"人口与消费"的辩论中，一些人设置了一个极端的情况，他们把生物多样性的丧失归咎于发展中国家人口水平的上升，或者归咎于发达国家（主要是西方国家），因为这些国家使用了过多的水、化石燃料和其他自然资源。

实际上，我们在这两个方面都需要进行改进，以拯救受威胁的动植物。环境足迹分析等工具可以解决辩论中的消费方面问题。这种分析是一个有用的工具，可以研究个人在消耗资源方面对周围世界的影响。

诸如吃当地的素食和通过有效的加热和冷却系统限制能源的使用等选择，可以大大减少这种足迹。吃当地的食物可以减少运输、加工和包装所消耗的能源。

食用食物链中的低端食物（更多的蔬菜、豆类和谷物，更少的肉类）消耗的水会更少，同时也限制了水体的营养污染和牲畜通过甲烷（一种导致全球变暖的气体）释放的污染。根据国际能源机构的数据，节能建筑、工业流程和运输也可以在2050年将世界的能源需求量减少三分之一。

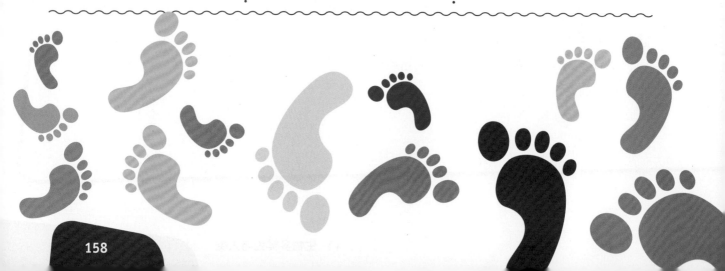

保持生物多样性的工具

通过诸如"国际慢食"这样的运动庆祝基于地区的美食和当地的食物传统来鼓励更可持续的生活方式。这些食物包括来自法国上萨瓦地区的瑞布罗申（Reblochon）奶酪，或者墨西哥用于制作从玉米粥到玉米粽等各种食物的超过17种的玉米。

生物多样性友好型食品的认证使消费者了解其食品选择的影响，并通过生产保护环境食品的方式，向农民支付更多的费用。例如，生物多样性友好型咖啡是在原生树木的遮蔽下生长的，并为鸟类和其他野生动物提供了栖息地。

在发展中国家，生态旅游已成为保护自然栖息地的重要工具，同时支持当地经济。生态旅游与常规旅游相似，包括游客到外国旅游，但基于环境保护的道德标准。例如，游客可能住在节能酒店，参加野生动物园之旅，观看当地野生动物，并在国家公园徒步旅行。这些活动既能提高外国游客的环保意识和欣赏力，又能为当地人提供一种谋生的方式，同时也保护他们赖以生存的自然环境。

一些保护生物多样性的运动具有政治性质。国家主权运动强调地方治理的价值，或确保该地区的人们决定如何处理该地区的生物资源。通常，关于谁有权从生物多样性中获利的问题因土地保有权问题而变得复杂，即不清楚谁实际拥有有关资源所在的土地。这些问题是在地方基础上进行谈判的，并可能受到《生物多样性公约》组织等国际机构的影响。

生物多样性教育是从小培养对生物多样性价值认识的重要途径。这种教育可以在正式层面上进行，通过学校课程整合，或通过手册类图书（如《青少年生物多样性科普手册》）进行。下文"将生物多样性纳入教育主流"进一步探讨了正规教育中的生物多样性。

通过接触各种食物、文化和环境，教育也发生在非正式层面。这种接触往往会激发人们对多样性的认识，并灌输保护多样性的创造性兴趣，特别是在与更大规模宣传活动相结合时。

一些组织和青年团体（如童子军联合会）在教育儿童和青少年了解包括生物多样性在内的许多环境和社会问题方面发挥着重要作用。此外，媒体在提高认识和促进行为的积极改变方面也发挥了强大的影响力（见"将森林带给人们：尊重之旅"，了解保护生物多样性的艺术方法的例子）。

将生物多样性纳入教育主流

Leslie Ann Jose-Castillo，东盟生物多样性中心

面对植物和动物的灭绝速度比正常背景率快100~1 000倍，人们再也不能对生物多样性无所作为了。看着世界一个接一个地失去关键物种，就好比慢慢切断生物多样性为人类提供的生命线——食物、药物、住所和生计的来源。

对许多人来说，生物多样性仍然是不明确和无形的，这就使问题更加严重了。人们根本没有认识到生物多样性与他们的福祉之间的关系。因此，将生物多样性纳入正规和非正规学习过程的主流至关重要。最基本的道理是：学习和了解生物多样性问题将为所有

年龄段的人提供改变态度，并最终采取积极行动来保护生物多样性的基础。

菲律宾的Dalaw-Turo (参观和教学) 计划说明了生物多样性教育如何在非正规环境中发挥作用。Dalaw-Turo于

1989年由菲律宾环境和自然资源部保护区和野生动物局（PAWB-DENR）发起，作为生物多样性的信息、教育和交流（IEC）途径，该计划向各利益相关方，特别是山地居民传授保护生物多样性的必要性。

菲律宾环境和自然资源部保护区和野生动物局的工作人员向菲律宾学生讲授生物多样性保护的重要性
ⓒ菲律宾环境和自然资源部保护区和野生动物局

该计划利用街头戏剧、创意工坊、展览、游戏和生态旅游来激发创意思维，并激励学习者对环境问题采取行动。来自菲律宾环境和自然资源部保护区和野生动物局的培训师开展学校和社区推广活动，培训其他潜在的培训师，向森林居民、地方领导人、青年和学校教师分发生物多样性保护材料。到目前为止，Dalaw-Turo已经培训了543名区域对应人员，并在菲律宾至少460所学校的55 839名学生中开展了生物多样性保护活动。

在老挝，流域管理和保护局（WMPA）在Nakai Nam Theun国家保护区开展了社区宣传和保护意识计划。流域管理和保护局指定的工作人员在村长的帮助下，与村里的居民讨论如何改善保护区的保护方法。为了使学习过程具有交互性和教育性，教师们采用游戏、示范和角色扮演的方式，分发色彩鲜艳、易于理解的海报和小册子，让人们了解该地区的主要物种以及保护它们的重要性。此外，还有一项学校教育计划，向小学生讲授动物、它们的栖息地和食物网。

鼓励儿童从小学习生物多样性知识，使他们长大后成为环境的保护者。这些活动类型必须加以效仿并推广，以便将生物多样性纳入教育主流。

资料来源：菲律宾环境和自然资源部保护区和野生动物局，老挝流域管理和保护局。

将森林带给人们：尊重之旅

Christine Gibb，《生物多样性公约》组织和联合国粮农组织

图片讲述了一些可能不为人知的故事，相机记录了生活中的重要和平凡的时刻，照片唤起了人们的情感、问题和答案。利用图像的力量讲述"尊重"的故事，这是一场现代版的《奥德赛》，将北方森林带给人们。这是一个具有创造力和激情的例子，目的是提高人们对生物多样性的美丽、脆弱甚至残忍的认识。

尊重之旅始于加拿大魁北克省。2006—2009年，摄影记者团队乘坐一架小型塞斯纳飞机穿越了安大略省、曼尼托巴省、萨斯喀彻温省、阿尔伯塔省、不列颠哥伦比亚省和育空地区。从多变的天气和恶劣

的飞行条件到设备维修的意外中断和延误，一切都很艰难。在整个穿越过程中，团队一直被北方森林的壮丽景观及其脆弱性所震慑，他们欣赏到了很少有人有幸看到的令人叹为观止的景色。

不管怎样，在加拿大几个主要的户外文化中心，数以百万计的城市居民和游客观看了这些航拍作品。

从上到下：

在加拿大多伦多海滨中心举办的"尊重"展览
©北方通讯

冬天的加拿大安大略省
©Jim Ross／北方通讯

"尊重之旅"团队成员：Chris Young（摄影记者）、Louise Larivière（团长）和Tomi Grgicevic（摄像师）
©北方通讯

安大略湖和森林海岸线
©Chris Young／北方通讯

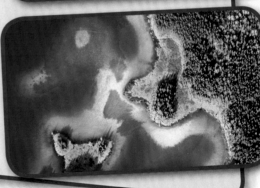

结论

    正如我们在本章和前几章中所看到的，人类通过对生物资源的利用和对自然界的影响与生物多样性密切相关。我们所做的选择会对生物多样性的当前和未来状态产生巨大影响。下一章将更深入地审视在国际层面做出的决定以及这些行动的结果。

寄居蟹
©Alex Marttunen（12岁）

生物多样性
与变革行动

多措并举共同解决生物多样性的难题。

12

Claudia Lewis, C计划倡议

Carlos L. de la Rosa, 卡塔利娜岛保护协会

正如我们在前几章中所看到的，生物多样性问题是复杂的，并存在于多个层面。解决生物多样性问题需要在社区、地方、国家、区域和全球各层面做出协调一致和互相补充的努力。

在上一章中，我们探讨了个人和群体如何影响生物多样性。在本章中，我们将回答几个关于世界如何应对生物多样性挑战的重要问题。例如：

- 在国际层面处理生物多样性的不同方式；
- 在国家层面可采取哪些行动，以及这些行动如何与基层行动相联系；
- 为什么草根行动（由与政府无关的个人或团体采取的行动）对保护生物多样性至关重要；
- 青年如何帮助沟通地方、国家和国际各层面的行动。

生物多样性无国界

地图上划分国家的界线对森林树木或漫游的野生动物没有任何意义。这些边界只有在成为生物多样性的障碍时才变得重要。例如，坦桑尼亚的塞伦盖蒂国家公园和肯尼亚的马赛马拉国家保护区内及周边的迁徙动物群每年都要跨越国界进行一次不同寻常的旅行。这两个国家如何管理他们的边界和土地，对于迁徙的牛羚群和许多其他物种来说极其重要，因为这些物种要么是迁徙的，要么是其家园范围包括边界两边的土地。

为了保护他们共同的生物多样性，各国以及各国的社区必须就土地使用政策、自然资源开发、污染预防、狩猎法规、水的使用和其他许多事项达成协议，这一点至关重要。

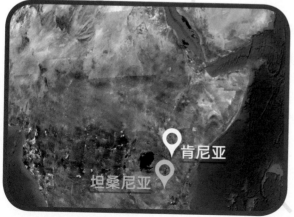

肯尼亚

坦桑尼亚

坦桑尼亚恩戈罗恩戈罗
火山口的牛羚
©Muhammad Mahdi Karim
[www.micro2macro.net]

肯尼亚马赛马拉，牛羚跟随
几只领先的斑马在吃草
©T.R.Shankar Raman／
维基共享资源

我们都依赖于生物多样性，因此我们必须共同努力维护它

世界上每个国家都以某种方式依赖生物资源。然而，如果不仔细评估我们从自然界收获什么、收获多少和收获的频率，我们就有可能耗尽地球上的资源。为了避免这种情况出现，人们必须在从地方到全球的各个层面上共同努力。

每个级别的行动都有其自身的挑战和机遇。在一个层面发生的事情往往会影响到其他层面。例如，个人遵循其社区制定的公约和法规，如市政回收法。社区受国家立法和法律的约束，这些法律规范具体活动，如濒危物种法案或生物多样性的开发。最后，还有各国共同的国际协议的约束，如关于野生动物物种及其产品贸易的协定。正如我们在本章中所看到的那样，在这些层面上制定和实施的法律和法规、计划和倡议、条约和非正式协议都可以使一个国家或更进一步可持续发展或导致经济和生态危机。

重要的是要记住，无论什么立法，个人、团体或组织都能极大地影响生物多样性保护工作。公众舆论可以对政策制定者和其他行为者（如公司）形成重大影响。

瑞典世界童子军大会上的YUNGA旗帜
©Maria Volodina

社区和国家对生物多样性有着不同的影响，并从中获得不同的利益

对自然资源的利用有各种衡量的尺度。一些社区利用资源来维持生计，而有许多社区的消耗远远超过他们的生存需要。让我们来看看渔业的例子。在天平的一端，你有一个当地渔村，他们只从当地水域获取生存所需的东西，使用手网和其他低影响的渔获方式；在另一端，你有国际捕鱼船队，使用拖网等对环境有重大影响的方法，在大范围内捕捞大量的鱼和其他海洋生物。

这两个群体对生物多样性的影响是完全不同的，前者的活动比后者留下的足迹小得多。这不仅是影响野生动物的问题，也是影响人类的问题。

需要解决不平等和公平的问题。合作和谈判可以在地方或国家层面进行，但有时，如在国际水域捕鱼的情况下，需要采取全球行动。

渔业的例子反映在国际层面。各国消耗不同数量的资源，有些国家使用的本地和全球自然资源数量不成比例。因此，有必要在国际层面进行讨论并达成协议。

自然资源在各国和各地区的地理分布并不均衡。一些国家，如美国，拥有丰富多样的可开发资源，而其他国家则没有这么幸运。例如，阿拉伯地区约有三分之二的地区依赖其境外的水源。世界各地的人口数量和密度也有很大差异，一些国家的需求更大，因此对其自然资源的影响也比其他国家大。

为了更公平地分配利益和责任，并能够保护生物多样性，需要在多个层面做出各种努力：制定和执行协议和条约，实施合作和援助计划，分享知识和技术，这些只是可能采取行动的一些例子。

国际行动

国际行动可以发生在一个区域的几个国家之间，也可以发生在全球范围内，包括甚至几个大陆的许多国家。这种国际合作通常对生物多样性项目和行动的成功至关重要（见《北极熊条约》）。

虽然植物和动物不能辨别国家之间的政治边界，但人们却在这些边界内生活和活动。因此，解决许多生物多样性问题需要不止一个国家的合作。

在意大利粮农组织总部举行的生物多样性国际科学研讨会
©粮农组织／Giulio Napolitano

为使国际合作有效，所有参与国必须就解决方案达成一致，并承诺遵守协议。在处理气候变化和臭氧层耗损等全球问题时，全球层面的努力是必不可少的。这些重大问题往往需要制定和正式批准（或正式通过）一项国际法，所有加入（或部分加入）该国际法的国家必须执行该国际法。

　　有时，环境问题对于一个区域来说是非常特殊的，而且/或者在某个区域层面上更加明显。例如，当试图保护一个范围有限的物种时，如北极熊，或保护一个特殊的、脆弱的生态系统和生活在此系统中的物种，如雨林。然而，这些区域性的保护方法仍应与更广泛的全球性方法相协调，因为在我们这个星球上，所有事物都是相互关联的。以北极熊为例，如果不同时解决更广泛的气候变化问题，那么区域性保护北极熊的努力可能是徒劳的（见"国际层面行动的重要性"）。

《北极熊条约》

　　1973年，加拿大、美国、丹麦、挪威和苏联政府签署了一项条约，承认北极周围国家有责任协调保护北极熊的行动。《北极熊条约》（《北极熊保护协定》）要求签署该条约的国家按照健全的保护措施管理北极熊种群。

　　条约禁止猎杀和捕捉北极熊，除非是出于有限的目的和采用有限的方法，并承诺所有缔约方保护北极熊的生态系统，特别是那些它们栖息和觅食的地区，以及迁移走廊。

雌性北极熊（*Ursus maritimus*）
©Alan Wilson (www.naturespicsonline.com)

国际层面行动的重要性

许多与生物多样性有关的问题超越了政治界限，因此，某个特定国家做什么或不做什么都会影响到其他国家。

以下是一些国际层面的行动很重要的例子。

:: 需要制定国际渔业法规，以帮助防止海洋资源的过度开发。

:: 水体的污染或水源的过度使用往往需要采取国际行动，因为受影响的水体可能流经不止一个国家。同样的情况也适用于空气污染。

:: 外来物种、虫害和疾病通常会跨越国界产生影响，它们的动向和影响需要在区域和/或全球层面上解决。

:: 防止非法野生动物贸易和植物物种走私需要国际条约，如《濒危野生动植物种国际贸易公约》（CITES），以及许多机构和国家之间的协调。

:: 稳定地球上不断变化的气候，需要世界上每一个国家的参与，特别是工业化程度最高的国家。

:: 提供资金支持在发展中国家实施可持续性计划。

:: 国际组织提供重要的培训和科学技术咨询。

:: 国际协议有助于确保获得和分享遗传材料商业使用（生物勘探）所产生的利益，以及长期保护生物和遗传资源。

联合国是国际行动的中心

联合国或许是在全球范围内具有最大影响和权力的组织。它有192个成员国，并举行定期和特别会议来讨论重要的环境议题。一些最重要的峰会包括：

- 1972年在瑞典斯德哥尔摩举行的第一届联合国环境会议，促成联合国环境规划署的成立，总部设在肯尼亚的内罗毕。

- 1992年在巴西里约热内卢举行的联合国环境与发展会议（或称"里约地球峰会"），汇集了179位世界领导人和2 400多位非政府组织代表。这是历史上规模最大的政府间会议，产生了《21世纪议程》（可持续发展行动计划）、《里约环境与发展宣言》《森林原则声明》《联合国气候变化框架公约》和《生物多样性公约》。

- 2000年在美国纽约举行的千年首脑会议上，通过了《千年宣言》，其中将减少生物多样性损失作为其目标之一。

除了与世界各国合作外，联合国系统还支持与公共和私营部门以及民间社会组织建立伙伴关系。联合国就政策和计划事项与非政府组织和民间社会组织协商，并为非政府组织代表举办各种类型的会议。

联合国可持续发展问题世界首脑会议在南非举行
©www.un.org

保护生物多样性的各种国际协议

与其他国际组织一道，联合国还提供了一个公共讨论场所，各国政府可以在这里举行会议，讨论和商定条约、公约和协议。这些文件被称为多国文件（涉及许多参与者），必须由所有参与方签署和批准才能具有法律约束力。文件一旦获得批准，它就成为国际法，并取代国内法。这些国际文件（也被称为"文书"）的批准由每个国家的国会或议会来进行。这类文书的例子有1992年《生物多样性公约》和1982年《联合国海洋法公约》。

不同种类的国际文件有不同的名称，这取决于其签署方的偏好或该文书的重要性。其中一些术语可以很容易地互换；例如，"协议"也可称为"条约"。

"议定书"或"公约"比条约稍不正式，因为它们通常包含对现有条约的补充或修正。有时，议定书或公约包含具体的义务，如1997年的《京都议定书》。

政府、非政府组织或其他组织也可以签订不那么正式的协议，称为"宣言（声明）"，缔约方通常在宣言中宣布目标，但一般没有法律约束力。1992年的《里约宣言》就是一个例子。

"议程"就像原则声明一样，在国际峰会（会议）期间或作为会议结果出现。它们可以在联合国会议期间通过，如在纽约举行的大会，或像里约峰会这样的专题会议。在一项议程中，各国确定特定年份的共同利益和优先事项。议程基本上是各国为自己制定的工作计划。

最后，"论坛"是一种比峰会更不正式的会议，可以公开讨论各国希望解决的一个或多个议题。

除了这些正式的全球行动外，还有各种各样的伙伴关系，促进机构、非营利组织和民间社会组织之间的短期和长期合作。

现在让我们来看看国际协议和全球行动的一些例子。

Convention on
Biological Diversity

《生物多样性公约》的形成及其工作

1992年地球峰会通过的协议之一是《生物多样性公约》（CBD），这是第一份关于保护和可持续利用生物多样性的全球协定。《生物多样性公约》已得到绝大多数国家的批准，这些国家在现行法律上承诺保护生物多样性，可持续地利用它，并公平地分享从利用遗传资源中获得的利益。该公约为各国政府和决策者提供了如何应对生物多样性威胁的指导，并制定了目标、政策和一般义务。各国必须制定国家生物多样性战略和行动计划，并将其纳入更广泛的国家环境和发展计划。发展中国家开展的与《生物多样性公约》有关的活动有资格获得《生物多样性公约》财务机制的支持：全球环境基金（GEF）。

gef GLOBAL ENVIRONMENT FACILITY
INVESTING IN OUR PLANET

全球环境基金（GEF）

另一个重要的国际倡议是全球环境基金。它的建立是为了形成国际合作，并为应对全球环境4个关键威胁的行动提供资金：生物多样性的丧失、气候变化、国际水域退化和臭氧消耗。它于1991年作为一个实验项目启动，并在1992年地球峰会后进行了重组。2003年，增加了两个新的重点领域：协助缓解和预防土地退化以及持久性有机污染物。全球环境基金计划由联合国开发计划署（UNDP）代表世界银行和环境署实施，并由联合国项目事务厅执行。全球环境基金也有几个执行机构，如联合国粮食及农业组织（FAO），项目由环境署、开发署和世界银行支持。

联合国开发计划署—全球环境基金团队与其他国际组织、双边发展机构、国家机构、非政府组织、私营部门实体和学术机构合作，支持世界各地的发展项目。截至1999年底，全球环境基金已经为120多个国家的生物多样性项目提供了近10亿美元的资金支持。

开发计划署还代表其全球环境基金伙伴关系管理着两个法人账户：全球环境基金国家对话倡议和全球环境基金小额赠款计划，该计划在帮助人们创造和加强可持续生计的同时促进环境管理。这些小额赠款（5万美元以下）通过73个国家的指导委员会发放。下面介绍3个此类项目的结果。

1 测试和传播新技术和工艺：将废物转化为可再生资源——哈萨克斯坦卡拉干达

卡拉干达生态博物馆是卡拉干达地区的一个非政府组织，通过为倾倒在河里的农业废物提供用途，减少了对努拉河的污染。在全球环境基金小额赠款项目的支持下，该博物馆开始利用农业废弃物产生沼气及其副产品，包括优质肥料。博物馆与当地一所技术大学的研究生合作，建造沼气池。农民们贡献了农业废弃物，作为交换，他们得到了用于烹饪和照明的沼气以及肥料，从而提高了他们的农业生产率。该项目不仅减少了有机废物的不当处置，还动员了年轻人帮助清理河岸，并传播了关于沼气益处的信息。

2 建立伙伴关系和网络：
私人保护区拯救野生动物——巴西塞拉多生物群落

根据保护国际（CI）的说法，塞拉多是地球上生物多样性最丰富、受威胁最严重的生物群落之一。大约70%的塞拉多地区遭受了某种人类压力的影响，包括巴西农业边界的扩张，用于粮食生产和大规模养牛，以及不可持续地采伐木质植被用于木炭生产。

非政府组织Funatura在其他非政府组织（如福莫萨市的农村工人协会和社区协会）的参与下，提议在私人土地上建立4个野生动物保护区。该项目正在实施维持这些私人保护区的机制，并向其他土地所有者传播经验教训。

3 在哥斯达黎加克夫拉达阿罗约制定可持续生计的新战略：
兼顾保护和盈利的生态旅游

自1992年以来，全球环境基金小额赠款计划已在哥斯达黎加支持了30多个生态旅游项目。这些项目均由社区组织管理，从而将保护当地生物多样性与当地创收联系起来。

曼努埃尔安东尼奥国家公园是哥斯达黎加游客最多的公园之一，位于该公园附近的克夫拉达阿罗约村是一个很好说明生态旅游如何在保护生物多样性的同时为社区创造收入的例子。1999年，一个当地的社区组织——瓦伊尼拉生产者协会，购买了作为中美洲生物走廊一部分的33公顷的土地，然后将其开发用于生态旅游。如今，该社区每年接待超过1 000名游客。以前很少有经济机会的妇女，现在可以通过当导游赚钱。报告显示当地野生动物数量有所增加。该地区的保护创造了一个重要的野生动物走廊，将曼努埃尔安东尼奥国家公园和洛斯桑托斯森林保护区连接起来。

《保护迁徙野生动物物种公约》

《保护迁徙野生动物物种公约》也被称为CMS或《波恩公约》，是1993年由联合国环境规划署（UNEP）发起的政府间国际条约，旨在保护地球上的陆地、海洋和鸟类迁徙物种。目前，该公约缔约方包括来自非洲、中南美洲、亚洲、欧洲和大洋洲的113个国家。

该公约鼓励所有范围内的国家通过全球或区域协定，其中包括具有法律约束力的条约（称为协定）和不太正式的文件，如谅解备忘录（MOUs）。下文"连接生物多样性和人类发展：西伯利亚鹤湿地项目"提供了一个此类协议的例子。

©粮农组织／Giulio Napolitano

《保护迁徙野生动物物种公约》

116个缔约方（截至2011年10月1日）

∷《保护迁徙野生动物物种公约》具有全球影响力∷

连接生物多样性和人类发展：
西伯利亚鹤湿地项目

西伯利亚鹤是世界上第三大濒危鹤类，目前仅存3 000～3 500只。在每年的迁徙过程中，西伯利亚鹤从雅库特和西伯利亚西部的繁殖地（中间休息和觅食地）到达中国南部和伊朗的越冬栖息地，行程5 000千米。在20世纪，由于农业、水坝、污染，不当的水资源管理、石油开采和城市发展的影响，使西伯利亚鹤的许多栖息地（欧洲60%，全球90%）遭到破坏。此外，不可持续的非法狩猎导致其西亚和中亚地区的种群濒临灭绝。

《保护迁徙野生动物物种公约》为鹤类保护提供了一项雄心勃勃的计划，该计划涵盖了鹤类的整个分布范围和迁徙路线。西伯利亚鹤湿地项目（SCWP）得到了联合国环境规划署全球环境基金的支持。政府官员、专家和保护主义者，如国际鹤类基金会和国际湿地组织共同合作，采取战略，减少狩猎，改善水资源管理，并减轻气候变化的影响。

通过在地方、国家和国际各级组织对不同受众进行管理、监测、信息交流和教育，持续努力应对西伯利亚鹤及其飞行路线上的其他候鸟所面临的威胁。

西伯利亚鹤
©BS Thurner Hof／维基共享资源

国家和地方行动

世界上的每个国家都是独一无二的，即使是相邻的国家也往往有不同的历史、习俗、政府形式、需求、语言，有时还有独特的生态系统。因此，保护方案必须适合每个国家的具体情况。

例如，在发达国家，为了保护特定地区的野生动物，通常只需购买土地并将其变成一个庇护所或保护区。在其他国家，至关重要的却是要确保当地社区参与这些保护区的开发和管理。这些通常需要对保护区进行某种形式的可持续利用，无论是生态旅游、收集种子或植物部分，还是收获硬木。

粮农组织亲善大使卡尔·刘易斯在多米尼加共和国植树
©粮农组织／Pedro Farias-Nardi

一次关于生物多样性的世界粮食日活动
©粮农组织／Alessia Pierdomenico

青少年生物多样性科普手册

各国可以做些什么来保护生物多样性？

有许多类型的行动可以在国家或地区一级实施，以解决生物多样性问题。

这些措施包括：

制定控制污染的策略、技术和法规。

肯尼亚、乌干达和坦桑尼亚等非洲国家，已经禁止使用塑料袋，以努力遏制其对野生动物的负面影响
©www.dailymail.co.uk

为在保护和管理其生物多样性方面采用合理做法的个人和当地社区制定一些激励和奖励措施。

咖啡种植者因在其种植园中使用支持鸟类和其他野生动物的本地遮阴树种而获得奖励
©粮农组织／Giuseppe Bizzarri

1
2
3
4
5

制定管理环境资源的计划和技术。

蒙古国哈尔吉斯塔-巴彦布尔森林用户小组成员在清理林地上的树枝，以防止火灾危险
©粮农组织／Sean Gallagher

将生物多样性保护与可持续利用相结合，如生态旅游。

在菲律宾的冒险乐园，一名游客准备乘坐高空滑索。"辅助自然再造林"（ANR）项目的成功通过这些自然公园的再造林帮助了旅游业
©粮农组织／Noel Celis

开发保护区，例如公园、保留地和庇护所。

乌干达布温迪的姆加欣加大猩猩国家公园
©粮农组织／Roberto Faidutti

向社区提供适当的技术、工具和培训，以减少他们对自然资源的影响。

Felefood辣椒加工项目使用太阳能烘干机来保存辣椒
©粮农组织／Giampiero Diana

提供激励措施以鼓励发展风能、太阳能、地热能和其他更合适的技术和可再生能源。

新西兰的风力涡轮发电机
©Reuben Sessa

通过提高人们的知识、技能、网络能力和保护所需资源的可用性，在社区内进行能力建设。

巴布亚森林管理员倡议培训当地原住民团体作为生物多样性的管理员，并与科学家合作
©Nomadtales／维基共享资源

6

7

8

9

10

通过有关土地使用、保护地役权、绿色走廊和城市发展的更强有力、更明智的法律和法规，以减少生境的破坏和碎片化。

鸟瞰美国佛罗里达州一个住宅开发区和一个自然区之间清晰的边界线
©皮内拉斯郡政府

绿化城市公共区域，以支持生物多样性，并为城市社区提供工具和激励措施。

绿色屋顶
©iStock

地方社区参与是关键

保护计划和措施的成功，无论是否由政府发起，最终都取决于人类行为和社区行动。

这一点在国际层面的计划中尤为明显。无论保护生物多样性的战略有多高明，或批准的国际条约有多严格，除非相关地区的人们接受它们，否则不可能成功，最多只能是昙花一现。民间社会的参与有多种形式，有时是由基层行动主导，有时是在国际和/或国家组织决定实施一项计划后才参与其中。在其他情况下，所有各方可能同时评估问题或设计和实施解决方案。

©粮农组织 / Giulio Napolitano

地方社区参与是关键

政府和组织直接与地方社区合作，制定可持续的做法，更有可能取得成功，并对生物资源的保护产生持久的影响。

社区最接近这些资源，是它们真正的"管理者"。社区人往往知识渊博，可以为保护生物多样性计划的制定提供至关重要的信息。当社区成为保护计划制定和实施的一个组成部分时，他们就会被赋予权力，对计划有一种主人翁的感觉，使他们更有可能关心、告知和/或帮助其他社区效仿。另外，通过在影响生物多样性的决策中拥有发言权，社区可以确保他们从保护措施中获得直接或间接利益。

另一方面，如果社区对自然漠不关心，或缺乏帮助保护自然的动机、知识、资源或手段，生物多样性就会付出代价。

公众对问题和自身行为的影响了解得越多，他们就越能理解什么是有害的做法，就越愿意采用更可持续的做法，从而减少其影响。知情的公民还可以影响环境政策，选举出保护环境的政治家，并在保持生物多样性问题的议程方面保证发言权和积极性。

以下例子将说明地方社区和其他利益相关者在生物多样性保护工作中的重要性。

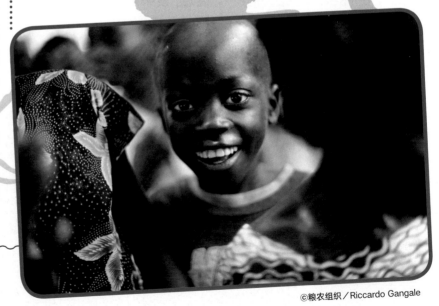

©粮农组织／Riccardo Gangale

因缺乏参与而造成的环境灾难

位于美国俄亥俄州东北部的凯霍加河就是一个例子，这个例子可以说明如果公众不参与管理他们的资源会发生什么。这条河曾经是美国污染最严重的河流之一，它的大部分地区完全没有鱼类及其他野生动物。凯霍加河是一条因失火而闻名的河流，而且不仅仅是一次，而是十几次！第一次火灾发生在1868年，最大的一次是在1952年。

在那个时代，工业化地区的河流燃烧是很常见的事，流经城市中心的河流成为工业和人类废物排泄方便的下水道。当凯霍加河发生最严重的火灾时，克利夫兰的市民说，这场火灾没什么大不了的，消防部门的负责人称其为"严格意义上的普通火灾"！1969年，该河的一场火灾引起了《时代》杂志的注意，该杂志将其描述为"渗出而非流动"的河流，其中一个

人"不是被淹死而是腐烂"。

这是最后一场火灾及其引起的公众关注，最终引发了一系列水污染法规的出台，包括《清洁水法案》，该法案对美国所有淡水系统中可接受的污染量进行了限制。尽管这些戏剧性的事件发生在没有水污染法规的时候，但正是由于当地公民的冷漠和缺乏参与，使得情况升级到了演变为生态灾难的地步。

1952年，凯霍加河起火
©James Thomas／克利夫兰州立大学图书馆克利夫兰出版社收藏书

斯里兰卡社区帮助保护受威胁物种

辛哈拉加森林保护区是斯里兰卡最后一片相当完整和有生命力的热带雨林。依靠这片森林生存的社区建立了村级社区组织，在生物多样性保护决策中拥有发言权。

这些社区民间组织与政府组织合作，积极管理和促进各种活动，如各种用途的特别分区、选择性采伐研究和特有动植物保护。这些组织有助于改变其他当地居民对保护的态度，并带来了明显的效果。例如，自该活动开始以来，该地区的非法采伐已经减少了75%。

斯里兰卡的农业
©粮农组织／Ishara Kodikara

生物圈保护区的居民，三趾树懒
©Stefan Laube

鬃毛吼猴
©Leonardo C. Fleck

洪都拉斯和尼加拉瓜土著社区保护的保护区

当地方社区发挥领导作用并做出影响其未来的决定时，他们的行动会对国家甚至国际保护产生影响。洪都拉斯和尼加拉瓜蚊子海岸的土著社区证明了这一潜力。5个民族（米斯基托、塔瓦卡、佩奇、加里富纳和拉迪诺）的成员与大自然保护协会及其当地合作伙伴非政府组织一起保护2个重要保护区之间的走廊——洪都拉斯的里奥普拉塔诺和尼加拉瓜的波萨瓦。

他们共同解决了无数的问题：商业公司和其他当地社区的过度捕捞、非法采伐森林中的硬木，以及砍伐红树林和其他土地用于柴火、作物生产和养牛。他们还共同制定了一项长期计划，对这些社区赖以生存的资源进行可持续管理，包括流域保护和海龟保护的具体行动。如今，这两个地区——里奥普拉塔诺（洪都拉斯）和波萨瓦（尼加拉瓜）都是生物圈保护区。

海地：曾经是一个郁郁葱葱的热带岛屿，现在是一场生态灾难

位于加勒比海的伊斯帕尼奥拉岛被分为两个国家。大约三分之一的岛屿在西部组成了海地；其余三分之二的岛屿组成了多米尼加共和国。部分边界是由利本河形成的。但这一边界所显示的远不止是两国之间的界线（见卫星图像）：在不到一个世纪的时间里，海地失去了超过98%的森林！结果，每年有超过6 000公顷（15 000英亩）的表层土被冲走，最终导致荒漠化，并增加了对剩余土地和树木的压力。致命的山体滑坡、水污染和对海洋生态系统的负面影响只是森林毁坏后的一小部分。生物多样性的损失是巨大的。

美国国际开发署的农林推广计划是该国20世纪80年代的主要再造林计划。当地农民种植了超过2 500万棵树，但每种植1棵树，就有7棵被砍掉。由于政治不稳定和缺乏资金，继任政府计划推广替代能源用于烹饪，以取代薪柴并停止砍伐森林，但这一计划已被证明是无效的。这让社区不得不自力更生。另一方面，多米尼加共和国的政治气候更加稳定，环境法规和法律更加完善。虽然森林砍伐在该国仍然是一个问题，但其破坏性不如海地，因为多米尼加共和国在其森林中推动了生态旅游等非采掘业的发展。

卫星图像显示了海地的森林砍伐情况。横穿图片的河流是海地（左）和多米尼加（右）之间的边界
©美国国家航空航天局地面卫星7号

墨西哥地方社区对生物多样性保护的参与

墨西哥西安卡安生物圈保护区居住着约2 000人，主要是玛雅人后裔。其使命是在不损害自然环境的前提下，将人类活动与该地区丰富的生物多样性结合起来。让当地人参与管理有助于在纯粹的保护和当地社区可持续利用资源的需求之间保持平衡。

如果没有居民的同意和合作，该地区可能因不可持续的发展而遭受巨大损失。

在1996年1月的一项总统令的推动下，一年后，当联合国教科文组织宣布该地区为世界文化遗产时，它成为国家的骄傲。

位于墨西哥尤卡坦半岛金塔纳罗州的西安卡安生物圈保护区
©Tim Gage／维基共享资源

巴西原住民群体制定自己的路线

欣古土著公园是巴西一个面积达260万公顷（650万英亩）的热带雨林地区，它的发展是一个国家非政府组织［国家印第安人基金会（FUNAI）］和一个国际非政府组织［亚马孙保护团队（ACT）］与巴西政府的环境机构以及由14个原住民团体组成的联盟合作，实现一个前所未有的保护里程碑的例子。

他们共同绘制了一系列地图，描述并划定了传统领地、渔猎区甚至圣地，并将其纳入公园的管理计划。原住民部落充分参与了测绘项目，并将成为他们自己保护区的管理者。

资料来源：www.terralingua.org。

巴西的欣古土著公园
©亚马孙保护团队

生物多样性保护涉及所有利益相关者

从本章可以看出，生物多样性保护活动涉及各个层面（从全球到地方）的众多参与者，包括：

国家政府和各部委、机构（如环境部、林业部、农业部、渔业和水产养殖部以及区域规划部）内的决策者可以：

- 提高对生物多样性重要性的认识并支持教育；
- 确保法律和政策到位，以保护生物多样性；
- 支持各级机构（国际、国家、区域和地方）之间的合作与协调；
- 支持地方一级进行生物多样性保护能力建设；
- 确保地方当局能够获得信息；
- 确保所有利益相关者的参与；
- 为实施生物多样性保护活动提供财政资源；
- 表现出对实施可持续生物多样性管理的政治承诺。

地方政府可以：

- 确保生物多样性因素被纳入地方规划和决策中；
- 促进与各利益相关者的合作；
- 支持地方行动，并与非政府组织、民间社会组织和地方社区合作。

©粮农组织 / Giuseppe Bizzarri

©粮农组织 / Giulio Napolitano

190

大学和研究机构可以：

- 进行研究和分析，以支持改进的保护战略和举措；
- 可以提供科学信息和研究结果，以支持向公众宣传地球生物多样性现状的传播认识运动。

媒体和名人可以：

- 强调不同利益相关者的观点；
- 开展独立研究，对该主题提出新观点；
- 形成、塑造并影响公众对生物多样性保护重要性的看法；
- 提高认知，并对决策者施加压力。

非政府组织和社区组织可以：

- 在各级层面采取行动，为可持续生物多样性管理提供支持；
- 与各利益相关者合作（见"非政府组织和民间社会组织如何帮助保护生物多样性"）。

农民、畜牧饲养者、渔民、土地所有者和当地社区可以：

- 是当地生物多样性的管理者，是当地保护行动的关键。

私营部门可以：

- 为生物多样性倡议提供财政资源；
- 确保生物多样性产品的可持续利用；
- 在生物多样性行动方面与各利益相关者进行协调和合作（见"公司也可以在生物多样性保护中发挥作用"）。

普通公众可以：

- 检查和评估政府及其他利益相关者的行动；
- 要求采取进一步行动。

你！是的，就是你！

是的！每个人都可以在地方、国家甚至国际层面有所作为。

我们有很多，我们是青年与联合国全球联盟！

[WWW.YUNGA.ORG]

YOUTH & UNITED NATIONS GLOBAL ALLIANCE

YUNGA

非政府组织和民间社会组织如何帮助保护生物多样性

许多生物多样性工作的核心是非政府组织，即NGOs。非政府组织是一个不属于政府的组织，其存在的目的是推动和促进共同利益，与社区、政府和企业合作，以实现惠及全社会的重要目标（见"吉百利可可伙伴计划"）。

这些组织可以在地方、国家和/或国际层面开展工作。在世界范围内，国家和地方层面上有数十万个与生物多样性相关的非政府组织。国际层面的例子包括世界自然基金会、自然保护协会和世界自然保护

联盟（本章末尾提供了这些组织的名单）。非政府组织是世界银行所称的"民间社会组织"（COSs）的一部分，其中还包括工会、信仰组织、原住民运动、基金会和许多其他组织。非政府组织和民间社会组织有时独立工作，但往往与政府合作。

民间社会组织以各种方式帮助保护生物多样性。他

们可以：

（1）赋予当地社区权力；

（2）激发公众意识和行动；

（3）影响政策；

（4）制定可持续生计的新战略；

（5）测试和传播新的和改进的技术和工艺；

（6）建立伙伴关系和网络。

©粮农组织／Rocco Rorandelli

公司也可以在生物多样性保护中发挥作用

私营部门也可以为保护生物多样性做出重要贡献，例如，通过可持续生产和商业实践或直接支持生物多样性倡议来减少其影响。也可通过公私合作提供支持，在这种合作中，公司与政府机构、国际组织、研究中心或非政府组织就与生物多样性相关倡议开展合作。公司，尤其是食品和饮料等行业的公司，高度依赖生物多样性和生态系统服务来开发其产品和开展业务。因此，这些依赖生物多样性的行业应该对维护其资源基础有兴趣。

公众舆论和消费者的选择也可以影响私营部门的行动，对公司施加压力，以改善其社会和环境信誉。

©粮农组织／Ozan Ozan Kose

吉百利可可伙伴计划

100多年来，世界著名的巧克力和糖果公司吉百利一直与加纳进行可可贸易。然而，最近可可产量大幅下降，这反过来又大大降低了可可种植者的收入。

为了解决这个问题，吉百利与当地政府机构、非政府组织、大学和研究中心以及联合国开发计划署（UNDP）一起，在2005年建立了吉百利可可合作伙伴关系。吉百利可可合作伙伴关系的两个关键因素是，当地社区和农民持续参与规划和决策过程，并承诺与当地组织合作，将这些计划转化为行动。吉百利正在为该项目投资4 500万英镑，该项目将持续至少10年。

该项目的总体目标是直接支持加纳以及印度、印度尼西亚和加勒比海地区100万可可种植者及其社区的经济、社会和环境可持续发展。为了实现这一目标，该伙伴关系正致力于通过提高产量、可可豆的质量和农民参与公平贸易计划来提高农民的收入，提供小额信贷、商业支持和替代收入计划，并投资于社区主导的发展，包括教育项目来提高农民收入，如图书馆和教师培训，以及为获得安全用水而打井。吉百利还帮助制作了易于阅读的图文并茂的报纸，其中载有关于农业实践和技术的文章，以提高可可产量。该报纸每个版本的75 000份印刷品免费分发给当地农民。吉百利还通过地球共享计划参与生物多样性问题，该计划是吉百利与国际环境慈善组织地球观察和加纳自然保护研究中心合作开发的。

地球共享计划评估了可可

种植对生物多样性的影响。大学、学生和志愿者共同合作，收集必要的科学信息，以帮助保护生物多样性，改善耕作方式，提高生产力。

　　该计划还确定了额外的生计机会，如生态旅游。因此，一些农民建立了简单的生态旅游设施，现在获得了额外的收入，从而减少了对可可种植的依赖。

收获的成熟可可果实（黄色）和新鲜的可可豆（白色）
©粮农组织／K. Boldt

把这些部分放在一起——你也可以做出改变!

我们都可以为支持生物多样性保护工作做出贡献。虽然我们中的大多数人都满足于当地我们最容易接触到的生物多样性问题采取行动,但我们都有潜力在国家和全球层面上有所作为。

你也可以通过各种方式了解地方、国家和国际计划和项目,并为其做出贡献:

- 成为解决生物多样性问题的组织者和项目志愿者。
- 在专注于生物多样性的组织中进行实习。
- 成立一个小组或俱乐部,以解决一个特定的问题,如你附近的入侵植物。
- 保持知情,并与他人分享这些信息。
- 采取一种环保的生活方式。
- 以身作则。

©粮农组织／Alessia Pierdomenico

你也可以通过鼓励你的政府：

- 如果你的国家还没有加入一些主要的生物多样性协议，请他们加入这些协议。
- 如果你的国家是各种条约的缔约国，请与议定书的国家协调中心联系，以了解为实施这些条约所做的工作以及你如何为这一进程做出贡献。
- 努力加强国家生物多样性和生物安全法，并促进遵守其议定书的规定。将生物多样性和可持续发展问题以及他们可以为保护生物多样性做出贡献的事情告知你认识的每个人。
- 接触当地媒体并撰写文章，包括写信给编辑。

联合国粮农组织和《生物多样性公约》组织已经与青年组织，如世界女童军协会（WAGGGs）合作制定了一些倡议和活动，让儿童和年轻人参与到生物多样性问题中来。例如，他们创建了生物多样性挑战徽章，作为本手册的补充。你可以在以下网址下载挑战徽章手册：

www.fao.org/climatechange/youth/68784/en

你还可以在《生物多样性公约》组织的绿色浪潮活动中获得许多想法并与其他年轻人建立联系：

http://greenwave.cbd.int

可持续发展教育是联合国教科文组织的一项倡议，其中有一个重要的青年组成部分。在其网站上，青年可以参与各种与可持续发展和生物多样性保护有关的活动，并分享关于如何让其他人参与讨论和解决方案的想法。

www.unescobkk.org/education/esd/esdmuralcontest

你可能会想：

这一切都很好，但我如何真正开始上述的一些活动？

好吧，下一章会给你一些背景信息、建议和想法，告诉你如何解决生物多样性问题。

在全球范围内开展生物多样性工作的
主要公约、条约和组织

公约	适用领域
《生物多样性公约》（CBD）及其《卡塔赫纳生物安全议定书》	第一个关于保护和可持续利用生物多样性的全球协定。《卡塔赫纳生物安全议定书》旨在确保改性活生物体（LMOs）的安全处理、运输和使用。 www.cbd.int
《濒危野生动植物种国际贸易公约》（CITES）	旨在确保野生动植物的国际贸易不会威胁到它们的生存。 www.cites.org
《保护迁徙野生动物物种公约》（CMS或波恩公约）及其各种协议	旨在全球范围内保护陆地、海洋和鸟类的迁徙物种。 www.cms.int
《粮食和农业植物遗传资源国际条约》（国际种子条约）	旨在通过保护、交流和可持续利用世界植物遗传资源来保障粮食安全。 www.planttreaty.org
《联合国气候变化框架公约》（UNFCCC）及其《京都议定书》	为政府间努力应对气候变化带来的挑战制定总体框架。《京都议定书》承诺55个工业化国家到2012年大幅减少二氧化碳等温室气体的排放。 http://unfccc.int/2860.php
《联合国防治荒漠化公约》（UNCCD）	应对世界各地的荒漠化问题，促进社区层面的可持续发展。 www.unccd.int
《世界遗产公约》及其《区域自然遗产计划》（RNHP）	促进各国之间的合作，保护世界各地对今世和后代具有普遍价值的世界遗产。 RNHP是一个为期4年（2003—2007）的1 000万美元的计划，向非政府组织和其他机构分配资金，以保护东南亚和太平洋地区突出的生物多样性热点。 www.unesco.org/new/en/unesco

与联合国有关的议程实例	
联合国环境与发展会议（UNCED）的21世纪议程	涵盖所有环境领域的综合行动方案。它特别呼吁青年参与。 www.un.org/esa/dsd/agenda21
千年发展目标（MDGs）的目标7：确保环境的可持续性	千年发展目标由世界各国领导人于2000年通过，并将于2015年实现。既是全球性的，也是地方性的，由各国根据具体的发展需要量身定制。目标7侧重于环境可持续性和生物多样性。 www.un.org/millenniumgoals
区域公约和条约的例子	
《保护和开发大加勒比区域海洋环境公约》（WCR，又称《卡塔赫纳公约》）和《关于特别保护区和野生动物的议定书》（SPAW）	保护和发展海洋环境的区域和国家合作行动法律框架。SPAW的目标是保护稀有和脆弱的生态系统和栖息地。 www.cep.unep.org/cartagena-convention
《保护里海海洋环境框架公约》（又称《德黑兰公约》）	保护、保全和恢复里海的海洋环境。 http://ekh.unep.org/?q=node/2452
《北极熊条约》	协调加拿大、丹麦、挪威、俄罗斯和美国之间的行动以保护北极熊。 www.fws.gov/laws/lawsdigest/treaty.html#POLAR
《太平洋鲑鱼条约》	美国和加拿大就共同关心的太平洋鲑鱼种群的管理、研究和提高进行合作的协议。（修正后，把育空河鲑鱼纳入保护的协议。） www.psc.org
《北大西洋鲑鱼条约》（《北大西洋鲑鱼保护公约》——NASCO）	国际大西洋鲑鱼养护和保护组织。 [sedac.ciesin.columbia.edu/entri/text/salmon.north.atlantic.1982.html]
《西北大西洋渔业条约》（《西北大西洋国际公约》）	调查、保护和养护西北大西洋渔业。 http://treaties.un.org/doc/Publication/UNTS/Volume%201082/volume-1082-I-2053-English.pdf

论坛实例	
联合国森林论坛（UNFF）	促进所有类型森林的管理、保护和可持续发展的无法律约束力文件。 www.un.org/esa/forests

国际伙伴关系的例子	
全球入侵物种计划（GISP） 由以下机构创立：国际农业生物科学中心（CABI）、自然保护协会、南非国家生物多样性研究所和世界保护联盟	旨在通过最小化入侵物种的传播和影响，保护生物多样性和维持生计。 www.gisp.org/about/index.asp
全球分类倡议	为消除《生物多样性公约》的分类知识缺口而创建。 www.cbd.int/gti
国际海洋生物普查计划	评估和解释海洋生物的多样性、分布和丰度的科学倡议。 www.coml.org

组织实例	任务
国际生物多样性计划	致力于解决全球生物多样性的丧失和变化所带来的问题。 www.diversitas-international.org
联合国粮食及农业组织（FAO）	促进粮食和农业生物多样性的保护和可持续利用，以此作为战胜世界饥饿的手段。 www.fao.org
全球环境基金（GEF）	保护全球环境。 www.thegef.org/gef
联合国环境规划署（UNEP）	促进对环境的关注，包括对生物多样性的关注。 www.unep.org
联合国教育、科学及文化组织（UNESCO）	为建设和平、消除贫困、可持续发展和文化间对话做出贡献。 www.unesco.org
世界农林中心（ICRAF）	产出关于树木在农业景观中扮演不同角色的科学知识。 www.worldagroforestry.org

非政府组织实例	任务
国际鸟类联盟	保护鸟类及其栖息地和全球生物多样性，与人类合作努力实现自然资源的可持续利用。 www.birdlife.org
保护国际（CI）	保护地球上的生命，并证明人类社会在与自然平衡的情况下会蓬勃发展。 www.conservation.org
野生动植物保护国际	采取行动保护全世界受威胁的物种和生态系统，选择可持续的、基于合理科学并考虑到人类需求的解决方案。 www.fauna-flora.org
世界自然保护联盟（IUCN）	确保生活在一个公正和健康的环境中。 www.iucn.org
自然保护协会	为全世界的自然和人类保护具有重要生态意义的土地和水。 www.nature.org
世界资源研究所（WRI）	推动人类社会以保护地球环境及其满足今世后代需要和愿望的能力的方式生活。 www.wri.org
世界自然基金会/世界野生动物基金会（WWF）	保护地球上生命的多样性和丰富性以及生态系统的健康。 www.worldwildlife.org

与粮食和农业有关的其他公约、行为准则和文书的例子

《保护和可持续利用粮食及农业植物遗传资源的全球行动计划》：
www.fao.org/agriculture/crops/en

《国际植物保护公约》：
www.fao.org/biodiversity/conventionsandcodes/plantprotection/en

《粮食和农业植物遗传资源国际条约》：
www.fao.org/biodiversity/conventionsandcodes/plantgeneticresources/en

《国际植物种质收集和转让行为准则》：
www.fao.org/biodiversity/conventionsandcodes/plantgermplasm/en

《负责任渔业行为守则》：
www.fao.org/biodiversity/conventionsandcodes/responsiblefisheries/en

《动物遗传资源全球行动计划和因特拉肯宣言》：
www.fao.org/docrep/010/a1404e/a1404e00.htm

法国的半透明蝴蝶
©Zoe Hamelin（19岁）

生物多样性
与你

Jennifer Corriero 和 Ping-Ya Lee, TakingITGlobal

启动一个项目，亲自开展生物多样性保护!

⑬

　　阅读本手册并了解了生物多样性的重要性和对生物多样性的威胁后，准备好与你最相关的问题采取行动。世界各地的年轻人正在领导成功的项目来保护和恢复生物圈。现在轮到你采取行动了：学习你可以采取的6个简单步骤，启动一个行动项目，这将有助于确保世界生物资源为子孙后代提供保护。

肯尼亚青年领导的再造林倡议和2009年意大利罗马全球青年挑战赛认可的国际青年有机园丁网络的案例研究，给我们以启发。

阅读生物多样性青年研讨会与会者领导的许多其他项目的例子。

了解更多关于启动行动项目的6个简单步骤，这将有助于确保世界生物资源为子孙后代提供保护。

《世界在我们手中》作者Betty Pin-jung Chen，2009—2010年全球印记艺术大赛第一名得主
©Betty Pin-jung Chen，13岁，中国台湾

"我希望人们能够更加热爱我们唯一的星球。把地球想象成一个鸡蛋，小心翼翼地把它握在手里，这样就不会打碎它。地球就是这样，我们需要保护它，为了下一代和我们的余生爱护它。"

改变生物多样性的6个简单步骤

这6个简单步骤主要改编自TIG组织创作的《项目手册》，也同时咨询了世界各地的青年英才。

你可以用这些步骤来策划和执行你的生物多样性项目：

1. 认真思考——激发灵感
2. 确定目标——求知若渴
3. 带领并动员他人参与
4. 建立联系
5. 计划和行动
6. 产生持续的影响

认真思考——激发灵感

认真思考你希望看到的变化，无论这些变化发生在你自己、你的学校、你的社区、你的国家，甚至是整个世界上。思考是谁或什么事物能够激励你采取行动。找出那些能够启迪你灵感的源泉，让它们帮助你找到力量，将梦想照进现实。

1

产生持续的影响

检查和评估是管理项目的重要组成部分。在你的整个项目中，你将会想要确定面临的阻碍和吸取的教训。记住，即使你没有达到所有目标，你也很可能影响到了别人，经历了你自身的成长！在项目结束时，你可以重温笔记，思考下一次项目如何从本次项目中吸取经验……即使你自己的项目已经结束，你也还可以试着鼓励其他年轻人参与你关心的生物多样性问题。

6

计划和行动

现在你已经准备好采取行动了，是时候开始认真地计划了……你已经对你想要解决的问题有了一个想法，现在该选定一个你可以为之努力的目标。当你设置好计划，保持积极和专注心态。如果遇到挫折，不用担心，很正常！你会在迎接挑战中学到很多东西。

5

确定目标——求知若渴

你对哪些问题最感兴趣？收集你感兴趣问题的相关信息，加深对它的认知。告诉自己，你是在为接下来的挑战做准备。

带领并动员他人参与

成为一个好的领头者，需要拥有丰富的技能，并且懂得如何提高他人能力。写下你和队友能够为项目提供的技能，思考每个人如何利用这些技能完成不同的分工。记住，好的领袖善于团队协作！

建立联系

人脉可以为你提供好主意、获取知识和经验，以及其他对项目的支持。你还在等什么？尽快构建你的人脉地图，并开始联系他们！

创建生物多样性项目的步骤

资料来源：《行动指南：迈向变革的简单步骤》，TakingITGlobal，2006年。

1. 认真思考——激发灵感
认真思考你关注的生物多样性问题

花点时间认真思考，生物多样性面临的威胁中哪个对你影响最大？想象一下，一个拥有无限自然美景和多样性的世界，人类与地球的生物和自然系统和谐相处，那个世界会是什么样子？

想一想您想在当地和全球范围内保存、保护和恢复的植物或动物物种（见第4章），或生态系统（见第5章）。

养护——通过限制自然资源的使用和开采，保护生态系统和生物群落的恢复力和功能。

保护——通过开展运动，使一个生态系统或物种受到政府法律和国际政策的保护。

恢复——重建一个历史悠久的生态系统或栖息地。提高陆地或水生栖息地的生态复原力。重新引入并鼓励已经从生态系统中消失的本地物种。

获得灵感

通过了解当地和国际生物多样性倡导者的情况来获得启发。从阅读本章中青年人领导生物多样性项目的案例研究开始，你也可以开始在你的家庭、邻里、学校或城市寻找当地的生物多样性典型人物。

加入TIG的全球青年网，关注全球问题，与来自世界各地的青年精英、组织和项目取得联系。TIG网址：www.takingitglobal.org。

问问你自己

你想保护哪些受威胁的植物物种？

你想保护哪些濒危动物物种？

在你的国内外是否有你想要保护的自然生态系统？

是否存在与你相关的生物多样性威胁（见第2章）？

你认识的人或国外的社区是否受到生物多样性威胁的影响？

海地当地一所学校的一名年轻学生正在种植果树
©粮农组织／*Thony Belizaire*

案例研究：肯尼亚山生态修复青年倡议

Sylvia Wambui Wachira，肯尼亚

Sylvia Wambui Wachira（左）在肯尼亚卡拉蒂纳的卡比鲁-伊尼中学与学生们一起栽种树苗
©Sylvia Wambui Wachira

肯尼亚山生态修复青年倡议（MKYIER）是一个由城市和农村青年志愿者成立运营的社区组织，旨在解决肯尼亚尼里北区的森林砍伐问题。

肯尼亚山生态修复青年倡议的共同创始人和项目经理Sylvia Wambui Wachira介绍了她和她的朋友们是如何创办这个组织的，以及他们是如何一次一所学校授权新一代森林管理人员的：

"肯尼亚的学校使用木柴做饭。肯尼亚的森林受到保护，在学校里砍伐树木是非法的。学校从中间商那里购买木材，这些中间商从森林保护区非法获取树木。在一些学校的木柴堆中，人们可以很容易地发现濒临灭绝的稀有树木的碎片。

因此，有了这些基本信息，我和我的朋友们决定自掏腰包，从我们的朋友和亲戚那里筹集资金，在学校建立树木苗圃。我们从祖父母那里收集了有利于耕种的种子信息，还咨询了林业部门。

我们在30所学校（19所小学和11所中学）开建了树木苗圃。我们与红十字会和童子军等现有机构合作。而在没有团体的学校，我们建立了未来农民组织。

我们鼓励学生在学校周围的苗圃中种植树苗。剩余的树苗则交给孩子们，让他们在家里种植。

我们还在学校农场建立了本地蔬菜园，并将其作为一项活动介绍给学校团体。

我们在2006年启动了肯尼亚山恢复生态系统青年倡议，现在，我们种植的10 000棵树已经有7~10米高了。"

除了领导肯尼亚山生态修复青年倡议之外，Sylvia还担任非洲青年气候变化倡议（AYICC）的大陆协调人。她也是联合国粮农组织索马里办事处的一名研究生实习生。

案例研究：Elluminate Fire & Ice有机花园项目

Annika Su，中国台湾

2006年，位于巴西瓦苏拉斯马萨姆巴拉小社区的阿贝尔马查多学校参加了一个在线活动，要求学校在本地区开展一项应对气候变化的活动。该活动由非营利性全球合作倡议Fire & Ice组织，由总部位于加拿大的电子学习和虚拟会议技术供应商Elluminate发起。经与当地农民协商，阿贝尔马查多学校的学生制作了有机堆肥和化肥，并在学校的一小块土地上种植了各种各样的蔬菜。

2008年，Elluminate Fire & Ice有机花园项目邀请了中国台湾丰思（Fongsi）初中的一个团队加入这个项目。Annika Su是被选中参加这次活动的丰思中学的学生之一，除此之外还有她的3个同学。Annika和她在台湾的团队在丰思建立了她们自己的有机花园，并与马里、法国、土耳其、古巴、所罗门、日本和印度尼西亚的其他参与有机园艺的学校分享信息和策略。通过博客、虚拟会议、幻灯片演示和TakingITGlobal虚拟教室，Elluminate Fire & Ice有机花园项目让参与的学校参与到跨文化的教育合作中，并获得了国际赞誉。2009年，Elluminate Fire & Ice有机花园项目在意大利罗马进入了全球青少年挑战赛的决赛。在罗马，Annika自豪地接受了该奖项。

当Annika在2008年第一次加入Elluminate Fire & Ice有机花园项目时，她是一个没有园艺经验的"城市女孩"。经过整整一个赛季时间的努力，将她学校的一块空地改造成了一个高产的有机食品园，Annika对地球的自然过程有了新的认识。当被问及为什么在气候变化面前保护有机农业方法很重要时，Annika回答道："如果我们不与自然对抗，自然就不会与我们对抗。这就是为什么我们应该重新与大自然一起共处。"

中国台湾丰思初中的Annika Su（左）和她的同学Ruo-chi Kong、Huei-chu Wu和Yu-yin Tsai代表Elluminate Fire&Ice有机花园项目接受2009年全球青少年挑战奖
©Cindea Hung

2. 确定目标——求知若渴

找出你将要为之采取行动的生物多样性问题

回顾你对希望保存、保护或恢复的生物资源的反思。现在，你可以确定并聚焦到对你最重要的生物多样性问题。

哪些生物多样性问题是你最感兴趣的？你最想保护的植物或动物物种是什么？在你们的社区里有最重要的植物或动物物种吗？

制定一套你想回答的问题。以下是一些你可能想使用的问题：

- 是什么使这个问题独特而重要？
- 谁受这个问题的影响最大，为什么？
- 这个问题在当地、全国、区域和全球有什么不同？
- 已经采取了哪些不同的方法来理解和解决这个问题？
- 哪些组织目前正在努力解决这个问题？考虑不同的部门，如政府、公司、非营利组织、青年团体、联合国机构等。

获取信息

通过寻找与你想了解的问题相关的资源来获取信息。一个好的起点是与国际运动有关的资源，如"联合国生物多样性十年"。你可以去TakingITGlobal的问题页面寻找组织、在线资源和出版物以获得灵感。

www.tigweb.org/understand/issues。

将你找到的所有关键资源（组织、出版物、网站）列成清单：

1.
2.
3.
4.
5.
6.
7.

问问你自己

关于我所关心的问题，我还能了解到什么？

联合国生物多样性十年

David Ainsworth,《生物多样性公约》组织

你是大自然丰富多样性的一部分,有能力保护或破坏它。

生物多样性是地球上生命的多样性,它支持着为我们所有人提供健康、财富、食物、燃料和我们生活所依赖的重要服务的生命系统。我们知道,我们的行为正在导致生物多样性以惊人的速度丧失。这些损失是不可逆转的,使我们的生活更加贫困,并破坏了我们每天都依赖的生命支持系统。但我们可以阻止它们。

联合国大会第65届会议宣布2011—2020年为"联合国生物多样性十年"。该十年以2010年国际生物多样性年的成功为基础。这十年是一个思考我们的日常活动如何影响生物多样性的机会。这是一个分享你在保护地球生命方面的故事并激励他人行动的机会。这是一个站出来发声的机会,让你的城市、你的国家和世界领导人听到你对生物多样性的关注。以下是你可以做的几件事:

学习

:: 关于你所在城市、地区和国家的生物多样性。

:: 你的日常行为如何对生物多样性产生影响,有时是在遥远的生态系统中。

发声

:: 让政府和企业了解你的观点。

:: 与你身边的人,以及与世界分享你的知识。在www.facebook.com/UNBiodiversity或twitter.com/#!/UNBiodiversity上发表你的想法、图片、艺术品、视频和其他创作。

行动

:: 做出负责任的消费选择。

:: 支持保护生物多样性的活动和组织。

:: 加入当地环保组织或自己组织有助于生物多样性的活动。

:: 发挥创造力,找到解决生物多样性丧失的办法。

:: 在整个联合国生物多样性十年期间采取行动。

了解更多信息,请访问:
www.cbd.int/2011-2020

3. 带领并动员他人参加
让你的项目走向成功

确定你的技能和特点，这将帮助你带领项目走向成功。从了解自己的优势和需求开始，然后考虑如何创建一个团队帮助你更好地实现目标。领导力还有一个重要组成部分，那就是帮助团队成员认识并利用他们自己的优势和才能来完成项目。同样重要的是，要确保所有相关人员和你一样有着努力共同实现的愿景。思考一下，那些表现出强大领导力的人，是什么让他成为一个好的领导者？你可以写下一个领导素质列表。例如：

- 负责任
- 富有同情心
- 专注
- 公平
- 诚实

- 创新
- 有激励性
- 思想开放
- 反应迅速
- 有远见

组建团队，动员他人参与

一旦你反思了你个人的领导力资质和目标，你就可以准备好发展一个团队并邀请其他人参与进来了。在"改善环境的社区行动"一栏中，描述了许多女孩和妇女通过世界女童军协会（WAGGGS）组建了强大的团队，并让其他人参与其中。你可以从你认识的人开始发展团队，然后将项目扩展到更广泛的社区，讨论你所在社区的环境问题。你如何鼓励社区成员参与你的项目来解决这些问题？

列出你拥有的领导技能：

1.
2.
3.
4.
5.

列出你想要培养的领导技能：

1.
2.
3.
4.
5.

说出一些你认识的可能想加入你团队的人：

1.
2.
3.
4.
5.

你的团队成员可以贡献哪些技能？

1.
2.
3.
4.
5.

13 生物多样性与你

改善环境的社区行动

Kate Buchanan，世界女童军协会

世界女童军协会（WAGGGS）的成员组织在全世界开展了许多项目。

这里有两个解决环境问题的项目实例。

这两个项目都在2008年的世界女童军协会世界大会上因杰出的社区服务工作获得了Olave奖。

马来西亚女童子军："循环利用促进团结"项目

该项目旨在提高社区对保护自然环境的重要性的认识。这包括灌输一种社会责任感，以保护环境，减少污染，并努力在地方一级创造一个无污染的环境。

女童子军进行了一项调查，评估社区在废物管理和回收方面的知识和经验。根据调查结果，女童子军走访了几个家庭，并分发了有关这些问题的资料。女童子军与当地政府、企业和社区团体合作实施该项目，包括分发回收设备。女童子军通过家访对该项目进行监督。

这是在马来西亚开展的第一个此类项目，需要私营和公共部门之间的重大合作。一个意想不到的好处是，该社区现在有一个居民协会，这是参与该项目的各团体合作的结果。

菲律宾女童子军：环境区域影响项目

来自菲律宾南部岛屿棉兰老岛的女童子军发起了一个关于固体废物管理、回收利用、食品生产、补充喂饲和蚯蚓养殖的服务项目（养殖蚯蚓以堆肥废物的过程）。40名女童子军将已成为垃圾场的废弃土地改造成有机蔬菜、观赏植物和药草植物社区花园。女孩们参加了项目的各个方面。她们与地方政府官员、地方领导人和卫生工作者、教育部、农业部以及女童子军志愿者和工作人员紧密合作。

在市长办公室的资助下，当地社区建造了一个棚子。这个棚子是女孩们的聚会场所，也是用回收材料制作的各种工艺品的展示区。

卫生工作者监督有机蔬菜和药草的种植和收获。在女孩们社区行动的鼓舞下，社区里更多的家庭建造了自己的后院堆肥池，现在正在种植自己的有机蔬菜。女童子军们很乐意分享她们的时间和技能。在实施这个项目的过程中，女孩们拓宽了她们对社区服务的态度，也加深了她们对环境问题的理解。

4. 建立联系

你也可以通过建立网络，与你尚未见过面，但希望与之合作的人建立联系来发展一个团队。他们可以与你已经认识的人联系，或者你可以尝试与已经在处理对你重要的问题的网络联系。

你可以从参加有关生物多样性的活动和会议开始（见"生物多样性国际青年研讨会"）。

列出至少一个你想要参加的活动：

生物多样性问题
生物多样性国际青年研讨会

Michael Leveille和Daniel Bisaccio

"和其他国家的学生一起分享信息和合作让我们更加紧密地团结在一起，并帮助我们所有人认识到我们确实生活在一个地球村中。"

Clint monaghan
第二届生物多样性国际青年研讨会代表主任

今天的年轻人需要有目的地参与一次保护一个小生态系统，为他们的未来和所有世代的未来。

青年会议是年轻人扩大他们思想和工作影响的一种方式。

在生物多样性专题研讨会上，如关于生境网 (HabitatNet)（墨西哥, 2005）和生物多样性问题 (Biodiversity Matters)（加拿大, 2009年）这样的议题，让来自世界各地的青年聚集在一起，分享关于青年领导的项目的信息和战略，这些项目正在发挥作用。

以下是一些像你一样的年轻人正在采取的行动的例子：

:: 日本的高中生正在保护、繁殖和研究当地的猫头鹰。

:: 在加拿大的渥太华，一个由中小学生组成的小组正在保护一个市中心的沼泽，记录了超过1 340种物种。

:: 一群来自印度南部的学生正在研究和修复一个名为Aranya的年轻森林保护区。

:: 来自墨西哥和美国的中学生正在共同努力，以保护在这两个国家度过部分生命周期的候鸟物种所需的栖息地。

这些类型的项目正在成为现实，因为青年人正在采取主动并引领潮流。

你也可以有所作为!

从参加下一届生物多样性国际青年研讨会开始。加入一个当地的环保组织。或者作为绿色浪潮（greenwave.cbd.int）的一部分，在你的学校种一棵树。

了解更多信息，请访问：biodiversitymatters.org

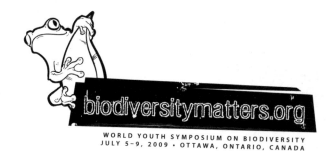

biodiversitymatters.org

WORLD YOUTH SYMPOSIUM ON BIODIVERSITY
JULY 5-9, 2009 · OTTAWA, ONTARIO, CANADA

THE GREEN WAVE

13 生物多样性与你

5. 计划和行动
制定行动计划

到目前为止，你已经确定了所关注的生物多样性问题，你对这些问题有了更多的了解，并认识到了你和你团队的技能。你还了解了与能够帮助你实现目标的人建立联系和联系的重要性。你已经准备好制定和实施一项行动计划。

牢记那些你识别的问题、你的目标和你期望的结果。你将如何完成这个计划？这里有一些可能的例子：

养护

• 领导防止破坏自然区域的运动。

• 提高人们对威胁生物多样性的产品或服务的认识。

保护

• 将生态系统确认为联合国教育、科学及文化组织（UNESCO）生物圈保护区的运动。

• 获得世界自然保护联盟（IUCN）濒危物种红色名录上的濒危动植物物种。

恢复

• 种植本地水生和湿地物种，以恢复退化的海岸线、河岸或湿地。

• 创建一个树木苗圃，重新种植一片古老的森林。

©粮农组织／Riccardo Gangale

写下你的目标:

　　集思广益，提出与你所识别的问题有关的5个可能的行动。行动是将帮助你实现目标的活动。

1.

2.

3.

4.

5.

设计一个任务标语

任务

　　明确你想让你的项目达到什么目的，并以任务书的形式写下来，即用简短清晰的句子说明你的目的。例如：在当地湿地恢复濒危鸟类栖息地。

活动

　　你可以采取什么行动来努力实现你的项目任务？例如：种植本地湿地和水生植物物种。

细化

　　你知道了你的任务。现在，使用下面的示例图表，将你的项目分解为具体的活动、资源、责任和期限。如果你的目标是恢复当地湿地的濒危鸟类栖息地，你的图表可能与这个例子相似。

活动	资源	职责	截止日期
种植本地湿地和水生植物物种 	∷ 地方保护当局 ∷ 本土植物苗圃 ∷ 奶奶的园艺技能和本土种子的收集	我会: 咨询当地的保护当局，了解应该种植哪些本土物种 Joe会: 开车送我去本土植物苗圃 奶奶会: 告诉我如何从她的后院的本地植物中收集种子	4月22日, 地球日

实施

一旦你确定了你的计划，现在是时候行动起来实施你的项目了。花点时间记录你的进展，以便你能欣赏和评估你的行动的影响。用图片和视频记录你的项目，保存项目日志或博客也是一个好主意。

全程尽量参考你的计划，但不要期望一切都按计划进行，因为许多情况是不可预测的。当你遇到挑战时，你可能需要修改你的计划。因此，记住要把整个经历作为一个学习过程来享受。

提高认识

制作宣传材料，如新闻稿和传单，以获得宣传，并让人们了解你的项目！口碑是最有力的营销工具之一。当你让别人知道他们应该如何参与以及为什么参与时，一定要充满热情并保持积极。宣传你的项目的一个方法是在TakingITGlobal（takingitglobal.org）上创建一个项目页面，或将其添加到绿色浪潮（greenwave.cbd.int）网站。

保持动力

一定要保持动力，特别是当你发现自己遇到挫折的时候。记住：每一次挑战都是一次学习机会。运用你的创造力，为每一个挑战想出新的解决方案：在行动中解决问题！

来自圣乔治学校的孩子们拿着他们的生物多样性挑战徽章证书
©粮农组织／Alessia Pierdomenico

6. 产生持续的影响

　　对整个项目的每个阶段进行监测，将有助于你对沿途发生的变化做出最佳反应，并产生持续的影响。制定成功的指标或衡量标准，对确保你保持在正确的轨道上是有帮助的。你的指标越具体，就越容易评估你的成就。

粮农组织和世界女童军协会在意大利粮农组织总部举行植树仪式
©粮农组织／Alessandra Benedetti

举个例子：

目标	指标
在学校中建立本地植物苗圃	:: 参与该项目的学校数量
	:: 种植的本地植物幼苗数量
	:: 种植物种多样性
	:: 创建和分发教育材料

13　生物多样性与你　　　　221

结论

　　现在你已经阅读了实现变革的6个简单步骤，你已经准备好带领你自己的生物多样性行动项目走向成功。请记住，这些步骤只是指导原则，你可能根据需要设定自己的路径。没有完美的系统或成功路径，因为每种情况都是独一无二的。你开始的每个行动项目都是一次学习之旅，它将挑战你解决问题的能力，发展你自己的技能和才能。不要忘记花时间来记录和反思你的进步。保持良好的记录将有助于你从经验中学习，它也将帮助你与国内外的其他人分享你学到的东西。作为一个年轻的生物多样性倡导者，你可以帮助其他年轻人进行反思，并得到启发，从而开始他们自己的行动项目。

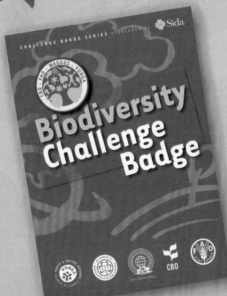

Biodiversity
Challenge Badge

使用"生物多样性挑战徽章"来激励你采取的行动！
www.fao.org/climatechange/youth/68784

13 生物多样性与你

危地马拉托托尼卡潘附近市场上的一只公鸡
©Lénaïg Allain-Le Drogo（14岁）

参与者和组织

了解更多关于参与编写和帮助本手册出版的
人们，以及与发起这本书有关的机构。

以下附录包含了对这本手册做出贡献的人员与机构。他们希望你觉得这本手册有趣
又有用，最重要的是，他们希望你现在对生物多样性充满热情，并且为了保护世界的生
物多样性而采取行动。

David Ainsworth 是《生物多样性公约》秘书处国际生物多样性年的协调人，他鼓励世界各地的人们了解生物多样性带给我们生活的美好以及对我们生活的重要性。

Nadine Azzu 有环境管理方面的背景，目前专注于粮食和农业生物多样性的保护和可持续利用。她是联合国粮食及农业组织的农业官员。

Daniel J. Bisaccio 是布朗大学教育系的科学教育主任（教学文科硕士）和教育临床教授。他是生境网（Habitatnet）的创始人，也是2005年和2009年生物多样性国际青年研讨会的主要组织者。

Dominique Bikaba 拥有农村发展和区域规划专业学位。他是Strong Roots公司的执行董事。此前，他协调了极点 (Pole Pole) 基金会，该基金会在2006获得了"诺贝尔奖"首创决赛奖。

Kate Buchanan 是世界女童军协会（WAGGS）的方案发展协调员。她为女孩和年轻妇女制定教育方案，包括帮助她们了解联合国千年发展目标和如何建立社区行动项目的活动。

Zeynep Bilgi Bulus 曾学习商业管理和农业食品经济。她的职业生涯是作为一名自然保护主义者度过的，首先是在土耳其自然保护协会，后来是在联合国开发计划署主办的全球环境基金小额赠款计划（GEF-SGP）。她目前住在土耳其的一个农场，继续为民间社会团体和国际组织提供志愿和专业咨询服务。

David Coates 在《生物多样性公约》秘书处从事内陆水域生物多样性的工作。他专门研究土地和水管理问题以及内陆水生态系统在支持可持续发展方面的作用。

Jennifer Corriero 是约克大学环境研究硕士学位的社会企业家和青年参与战略顾问。她是TakingITGlobal的联合创始人和执行董事，被世界经济论坛认定为年轻的全球领导者。

Carlos L. de la Rosa 是美国南加州卡塔利娜岛保护协会的首席保护和教育官。他拥有水生生态学博士学位，在拉丁美洲和北美洲的保护问题上工作了20多年。目前，他负责监督生物多样性保护和环境教育方面许多项目和倡议。

Amanda Dobson 毕业于罗马约翰卡波特大学。她目前是全球作物多样性信托基金会的项目助理。她在2009年夏天为生命多样性运动实习。

Maria Vinje Dodson 是全球作物多样性信托基金会的发展宣传官员。

Cary Fowler 在保护和利用作物多样性方面已经工作了30多年。他目前是全球作物多样性信托基金会的执行董事和斯瓦尔巴全球种子库咨询委员会主席。

Christine Gibb 是《生物多样性公约》秘书处和联合国粮食及农业组织的顾问。她目前的项目侧重于青年和生物多样性问题。

Jacqueline Grekin 是《生物多样性公约》秘书处的方案助理。她的工作包括内陆水域生物多样性、海洋和沿海生物多样性、岛屿生物多样性和农业生物多样性。

Caroline Hattam 是普利茅斯海洋实验室的环境经济学家。她从事旨在鼓励可持续利用和管理海洋环境的项目。

Terence Hay-Edie 加入了全球环境基金小额赠款计划（GEF-SGP），为生物多样性、保护区和与原住民有关的项目领域的国家方案提供技术支持。在加入联合国开发计划署之前，他曾与联合国教科文组织世界遗产中心和人与生物圈方案合作。

Saadia Iqbal 是世界银行Youthink!网站的前编辑。她的项目包括编写和制作多媒体内容，以及与合作组织的联系和合作。她目前正在写一本儿童读物。

Leslie Ann Jose-Castillo 是东盟生物多样性中心的发展传播专家。她的工作重点是传播、教育和公众意识、方案宣传以及媒体关系。

已故的 Marie Aminata Khan 是生物多样性秘书处的性别方案干事。她还在外联司和主要群体内从事宣传和外联活动。

Conor Kretsch 是一位环境科学家,专门研究生态系统保护和管理以及环境与人类福祉之间的联系。他是卫生与生物多样性合作(COHAB)倡议秘书处的执行主任。

Ping-Ya Li 是TakingITGlobal开发的气候变化教育和青年参与计划的协调员。她致力于为该计划开发新内容,并向教师和学校推广免费工具和资源。她目前在多伦多大学风景园林专业攻读硕士学位。

Michael Leveille 是加拿大渥太华圣罗兰学院小学和初中的科学教师。他是第二届国际青年生物多样性研讨会的执行主任,也是马昆沼泽(Macoun Marsh)生物多样性项目的创始人。

Claudia Lewis 是一位经过培训的保育生物学家和心理学家,也是一位从事环保工作的教育工作者。她目前在佛罗里达州担任环境顾问和C计划倡议 (Plan C Initiative) 的执行董事。她在20多年的职业生涯中致力于教育和授权各个年龄段的个人,特别是社区,以保护生物多样性和更可持续地生活。

Charlotte Lusty 是全球作物多样性信托基金会的一名科学家,他与国家基因库和国际合作伙伴合作,帮助再生独特的收藏物种,并确保它们长期保存。

Ulrika Nilsson 在《生物多样性公约》秘书处担任《卡塔赫纳生物安全议定书》助理信息干事。她致力于公众意识和参与,包括生物安全领域的媒体和外联。

Kieran Noonan-Mooney 在《生物多样性公约》秘书处工作,帮助编写了《全球生物多样性展望》第3版(GBO-3)。

Kathryn Pintus 有动物学和保护方面的背景,现在为世界自然保护联盟的物种计划工作,沟通协调促进生物多样性保护的工作。

Neil Pratt 是《生物多样性公约》秘书处的高级环境事务干事。他监督与每个主要利益相关者（包括儿童和青年）的外联、沟通和教育问题。

Ruth Raymond 是国际生物多样性中心项目和区域的传播经理。她在提高人们对农业生物多样性价值的认识方面拥有20多年的经验。

John Scott 是澳大利亚东北部昆士兰中部伊宁盖人（Iningai）的后裔。他目前是《生物多样性公约》秘书处第8条（j）（传统知识）方案干事，也是原住民和地方社区的协调枢纽。他的工作重点是传统知识的法律保护。

Reuben Sessa 是联合国粮农组织的一名方案干事，负责制定和协调气候变化方案。他还是粮农组织青年问题协调枢纽、YUNGA倡议协调员和青年发展机构间网络成员。

Junko Shimura 在《生物多样性公约》秘书处从事分类学和外来入侵物种工作。她致力于各国识别、监测和管理生物多样性的能力建设，包括控制引进外来入侵物种的途径。

Ariela Summit 正在加州大学洛杉矶分校完成城市和区域规划硕士学位，研究重点是环境和社区经济发展。她曾在华盛顿特区的生态农业合作伙伴（Ecoagriculture Partners）机构工作，负责协调美国方案和管理外联工作。

Giulia Tiddens 为YUNGA工作，与其他450名儿童协调与社交媒体和活动相关的活动，如生物多样性世界粮食日活动。她还参与与生物多样性和森林有关的材料的编写和相关活动。

Tamara van't Wout 为联合国粮农组织开展项目，增强年轻人和国家减少灾害风险和适应气候变化的能力。

Jaime Webbe 在《生物多样性公约》秘书处工作。她负责干旱和半湿润土地的生物多样性以及生物多样性与气候变化之间的相互作用。

www.aseanbiodiversity.org

东盟生物多样性中心是一个政府间区域英才中心，促进东盟成员国之间以及与相关国家政府之间的合作与协调，保护和可持续利用生物多样性的区域和国际组织，以及公平、公正地分享利用生物多样性所产生的利益。

www.bioversityinternational.org

国际生物多样性中心是世界上最大的国际研究组织，专门致力于保护和利用农业生物多样性。

www.biodiversitymatters.org

在第二届生物多样性国际青年研讨会上，100名学生及其陪同人员于2009年7月齐聚加拿大渥太华。《生物多样性国际青年协议》已启动，并于2010年在日本举行的第十届缔约方会议上提交。圣洛朗学校的一个获奖青年生物多样性项目——马昆沼泽（Macoun Marsh）项目主办了这次研讨会。

www.brown.edu

在布朗大学，学生们从各种学科角度学习教育，包括人类学、经济学、历史学、政治学、心理学、生物/自然科学和社会学。学院教授广泛的本科和研究生课程，并对重要的教育问题进行研究。

www.catalinaconservancy.org

卡塔利娜岛保护协会是一家土地信托机构，位于加利福尼亚州南部的卡塔利娜岛。作为加利福尼亚海峡群岛和加利福尼亚植物区生物多样性热点地区的一部分，保护协会通过平衡保护、教育和娱乐活动管理着其42 000英亩的土地。保护协会是一个非营利的公共慈善组织，与国家和国际组织合作，为最紧迫的生物多样性问题制定解决方案。

ORGANIS

www.cohabnet.org

COHAB（卫生与生物多样性合作）倡议是一项国际工作方案，旨在解决生物多样性与人类健康之间联系方面的知识、认识和行动方面的差距。COHAB在世界各地开展工作，以提高生物多样性对人类健康和福祉重要性的认识，并支持通过保护改善社区健康的项目。

www.cbd.int and bch.cbd.int/protocol

《生物多样性公约》是一项国际协定，各国政府承诺通过保护生物多样性、可持续利用生物多样性的组成部分，以及公平和公正地分享利用遗传资源所产生的惠益来维持世界的生态可持续性。《卡塔赫纳生物安全议定书》是通过减少改性活生物体可能对生物多样性造成的潜在负面影响，促进环境保护和可持续发展的关键国际协定之一。

www.ecoagriculture.org

生态农业合作伙伴努力实现一个世界，在这个世界上，目前的农业用地越来越多地作为生态农业景观进行管理，以实现三个相辅相成的目标：改善农村生计；保护生物多样性；可持续生产农作物、牲畜、鱼类和林产品。作为一个非营利组织，生态农业合作伙伴通过促进地方、国家和国际各级关键行为者之间的战略联系、对话和联合行动，帮助提升成功的生态农业方法。

www.fao.org

联合国粮食及农业组织（FAO）领导国际战胜饥饿。联合国粮农组织法案是一个中立的论坛，所有国家平等地开会谈判协议和辩论政策。粮农组织主办的生物多样性论坛包括粮食和农业遗传资源委员会（CGRFA）、《粮食和农业植物遗传资源国际条约》理事机构和植物检疫措施委员会（该委员会管理《国际植物保护公约》——IPPC）。粮农组织也是知识和信息的来源，帮助各国实现农业、林业和渔业实践的现代化和改进，并确保人人享有良好的营养补给。

www.croptrust.org

　　全球作物多样性信托基金会的使命是确保作物多样性的保护和利用，以保障全世界的粮食安全。

www.iucn.org

　　世界自然保护联盟（IUCN）通过支持科学研究，帮助世界为我们最紧迫的环境和发展挑战找到务实的解决方案；管理世界各地的实地项目；以及将各国政府、非政府组织、联合国、国际公约和公司聚集在一起，制定政策、法律和最佳做法。世界自然保护联盟是世界上最古老和最大的全球环境网络，拥有1 000多名政府和非政府组织成员，以及160个国家的近11 000名志愿科学家和专家。

www.plancinitiative.org

　　C计划倡议（Plan C Initiative）是一家总部位于美国佛罗里达州的组织，其使命是授权当地城市社区和市政当局开发支持人类和野生动物的景观，利用加强社区联系和生态功能的战略。该组织致力于创造一种范式转变，使生态景观成为城市景观的主流方法。我们的愿景是，佛罗里达州的自然区域通过支持生物多样性增加并为人类和野生动物提供各种服务的大型城市生态景观相互连接。

www.pml.ac.uk

　　普利茅斯海洋实验室（PML）是一家独立、公正的海洋环境科学研究、合同服务和咨询机构。PML的工作重点是了解海洋生态系统如何运作，减少维持海洋生命的复杂过程和结构及其在地球系统中的作用的不确定性。

www.sgp.undp.org

　　全球环境基金小额赠款计划成立于1992年里约地球峰会年，向社区项目提供财政和技术支持，这些项目旨在保护和恢复环境，同时提高人民的福祉和生计。SGP表明，社区行动可以在5个重点领域保持人类需求和环境需求之间的良好平衡：生物多样性保护、缓解气候变化、防治土地退化、逐步淘汰持久性有机污染物和保护国际水域。

www.strongrootscongo.org

Strong Roots是一家总部位于刚果民主共和国东部卡胡齐比加国家公园（KBNP）的地方组织。通过可持续发展项目，让原住民和当地社区参与公园的长期保护。Strong Roots有关于环境教育、雕刻、再造林、作物生产和粮食安全、可持续土地管理、保健、养护和小企业活动的方案。

www.tigweb.org

TakingITGlobal是一家非营利性组织，旨在促进跨文化对话，增强青年领袖的能力，并通过使用技术提高对全球问题的认识和参与度。

www.wagggsworld.org

世界女童军协会（WAGGGS）是一个世界性的运动，提供非正规教育，让女孩和年轻妇女通过自我发展、挑战和冒险提高领导力和生活技能。女童子军在实践中学习。该协会汇集了来自145个国家的女童军协会，在全球拥有1 000万会员。

www.youthink.worldbank.org

Youthink！是世界银行的青年网站。它让年轻人了解发展问题并参与其中。

www.yunga.org

YUNGA：青年与联合国全球联盟是由不同的联合国机构、民间社会组织和其他与儿童和青年有关的团体组成的伙伴关系。该联盟的目标是创造资源和开展活动，在国家和国际两级教育儿童和青年并使他们参与重大环境和社会问题的活动。YUNGA还寻求赋予儿童和青年权力，使他们在社会中发挥更大作用，提高认识，成为变革的积极推动者。

请注意，机构或个人的参与并不意味着其认可或同意本手册的内容。

红色花瓣上的蚊子
©iStock

物种清单

学名

附 录

B

　　除了一个或多个通用名称外，每个国际公认的物种都有一个独特的学名。它由两部分组成，通常是拉丁文或希腊单词，总是用斜体字表示（如果是手写的，则用下划线表示）。第一部分是属（属名），以大写字母开头；第二部分是种（具体名称），用小写字母书写。

　　学名是根据一个被称为"二名法"的分类系统给出的。该系统由一位瑞典植物学家Carl von Linné（有时称为Carolus Linneaus）于18世纪首次引入。

二名法命名系统有几个优点：

- 很简单（只有两个名称）
- 很清楚（一个物种在几种语言中可能有许多通用名称，但它只有一个学名）
- 随时间推移保持稳定（有些例外）
- 在世界各地被广泛使用

下表列出了本手册中所述物种的通用名和学名。

通用名	学名
非洲象	*Loxodonta africana*
非洲森林象	*Loxodonta cyclotis*
羱羊	*Capra ibex*
亚马孙河豚	*Inia geoffrensis*
原牛	*Bos primigenius*
长吻袋貂	*Tarsipes spenserae*
蝇虎跳蛛	*Phidippus audax*
黑白领狐猴	*Lemur varius*
美洲黑熊	*Ursus americanus*
蓝鲸	*Balaenoptera musculus*
婆罗洲猩猩	*Pongo pygmaeus*
宽吻海豚	*Tursiops truncatus*
褐鹈鹕	*Pelecanus occidentalis*
草原袋鼠	*Bettongia lesueur*
蔗蟾蜍	*Bufo marinus*
蓝林莺	*Dendroica cerulean*
大麻哈鱼	*Oncorhynchus keta*
大王酸浆鱿	*Mesonychoteuthis hamiltoni*
短叶非洲铁	*Encephalartos brevifoliolatus*
渡渡鸟	*Raphus cucullatus*
家牛	*Bos taurus*
施氏黑猩猩	*Pan troglodytes schweinfurthii*
东方飞旋海豚	*Stenella longirostris*
蜗鸢	*Rostrhamus sociabilis*
佛罗里达美洲狮	*Puma concolor coryi*
毒蝇鹅膏菌	*Amanita muscaria*
恒河喙豚	*Platanista gangetica*
大砗磲	*Tridacna gigas*
大熊猫	*Ailuropoda melanoleuca*
吉拉毒蜥	*Heloderma suspectum*
长颈鹿	*Giraffa camelopardalis*
牛羚	*Connochaetes taurinus*

通用名	学名
大凤头燕鸥	*Sterna bergii*
绿海龟	*Chelonia mydas*
河马	*Hippopotamus amphibious*
胡拉油彩蛙	*Discoglossus nigriventer*
人类	*Homo sapiens*
印河豚	*Platanista minor*
伊河海豚	*Orcaella brevirostris*
美洲豹	*Panthera onca*
王企鹅	*Aptenodytes patagonicus*
长须蜂	*Tetraloniella* spp.
夜香木	*Cestrum nocturnum*
短叶红豆杉	*Taxus brevifolia*
豚足袋狸	*Chaeropus ecaudatus*
平原斑马	*Equus quagga*
北极熊	*Ursus maritimus*
栽培马铃薯	*Solanum tuberosum*
野生马铃薯	*Solanum megistacrolobum*
赤子爱胜蚓	*Eisenia foetida*
环斑海豹	*Pusa hispida*
海獭	*Enhydra lutris*
西伯利亚鹤	*Grus leucogeranus*
禾柄锈菌	*Puccinia graminis*
条纹剪秋罗蛾	*Shargacucullia lychnitis*
汤氏瞪羚	*Eudorcas thomsonii*
虎	*Panthera tigris*
旅人蕉	*Ravenala madagascariensis*
土库海豚	*Sotalia fluviatilis*
黑头鹮鹳	*Mycteria americana*
毛柄秋海棠	*Begonia eiromischa*
白鱀豚	*Lipotes vexillifer*

物种清单

词汇表

行动 (Action)：帮助你实现目标的活动。

行动计划 (Action plan)：帮助您将项目分解为具体活动、资源、任务和截止日期的策略。详细规划这些活动将确保项目的成功。

农业生物多样性 (Agricultural biodiversity)：对农业很重要的生物多样性的组成部分。

农业生产率 (Agricultural productivity)：农业产出与农业投入的比率。当生产率很高时，农民收获的比他（或她）投入土地的要多得多。

农业生态系统 (Agro-ecosystem)：有农业活动的生态系统。农业生态系统包括用于作物、牧场和家畜的土地；支撑其他植被和野生动物的相邻未开垦土地；以及相关的大气、底层土壤、地下水和排水网络。

两栖动物 (Amphibians)：一大群皮肤湿润的动物，生活在淡水中或与淡水共生，包括青蛙、蟾蜍、蝾螈和火蜥蜴。大多数卵无壳，在水中或潮湿环境中产卵或发育。

花药 (Anther)：花中产生花粉的雄性部分。

水产养殖 (Aquaculture)：养殖海洋或淡水动物（如鱼类、软体动物和甲壳动物）和水生植物。

背景率 (Background rate)：依据人类成为生物灭绝主要原因之前的化石记录，正常的灭绝率。

压舱水 (Ballast water)：压舱物是指船舶用来帮助其保持稳定的任何东西。海水是压舱物的常见形式。

生物多样性 (Biodiversity)：地球上生命的多样性，在每个基因、物种和生态系统层面上，以及它们之间的关系。

生物多样性热点 (Biodiversity hotspot)：植物和动物特别丰富，但面临被破坏的严重威胁的地区。要被视为生物多样性热点，该地区必须：至少有1 500种当地维管植物，并且至少失去了70%的原始栖息地。

生物燃料 (Biofuel)：由活体或死亡不久的生物材料（如海藻、玉米或甘蔗）制成的燃料。

生物放大 (Biomagnification)：生物体内物质的积累，随着较小的生物体被较大的生物体吃掉，在食物链上浓度增加。

生物量 (Biomass)：在生态学中，生物量是指在一定时间内生态系统中的生物质的量。

生物勘探 (Bioprospecting)：有用植物和动物物种的研究和潜在商业化。

生物安全 (Biosafety)：努力减少现代生物技术及其产品可能带来的风险，包括采取措施确保通过现代生物技术产生的改性活生物体的安全转移、处理和使用。

半咸水 (Brackish water)：比淡水咸，但不如海水咸的水。它出现在河流和海洋之间的过渡区域，如河口和红树林沼泽。

繁殖 (Breeding)：植物或动物后代的生产。育种是指农民或研究人员通过特别挑选亲本进行定向培育。

承载能力 (Carrying capacity)：给定可用的食物、空间、光照、水和营养，环境可以无限期维持的物种的种群规模。

细胞 (Cell)：生命的基本组成单位。所有生物体都是由一个或多个细胞组成的。

民间社会组织（CSO）[Civil society organisation (CSO)]：不属于政府的组织。除非政府组织外，民间社会组织一词还包括工会、信仰组织、原住民运动、基金会和许多其他组织。

气候变化（Climate change）：生物多样性丧失的直接驱动力。它是由自然和人为因素引起的地球气候总体状况的变化，如地球大气中二氧化碳等温室气体的积累。

克隆（Clone）：细胞或个体在基因上完全相同的复制品。

保护（Conservation）：改变需求或习惯，以维护自然世界的健康，包括土地、水、生物多样性和能源。

互补利益（Complementary interests）：当不同方在同一块土地上拥有相同的利益时（例如，当社区成员共享牧场的共同权利时，等等）。

竞争利益（Competing interests）：当不同方在同一块土地上竞争相同利益时（例如：当双方独立主张一块农地的专用权时）。

野生近缘种（Wild relative）：与作物物种（通常在同一属）有或多或少密切关系的非栽培物种。作物野生近缘种通常不会被收获作为食物，但它们可以出现在农民的田地中（例如作为杂草或牧场的一部分），并且是作物改良的重要多样性来源。

死亡区（Dead zone）：海水含氧量下降太低，无法维持海洋生物生存的沿海海域。它们通常是由于营养物质的积累造成的，营养物质通常来自内陆农业区，那里的化肥被冲入水道。营养物质促进了浮游植物的生长，浮游植物在海底死亡和分解，耗尽了水中的氧气，威胁到渔业、生计和旅游业。

荒漠化（Desertification）：干旱和半干旱地区土地退化，导致生态系统恶化或农业生产损失。

直接驱动因素（Direct driver）：生物多样性丧失的直接原因。五个主要因素是：栖息地丧失和碎片化、气候变化、外来入侵物种、污染和资源过度开发/不可持续使用。

旱地（Drylands）：干旱和半湿润的土地，包括从沙漠到大草原到地中海景观的一切。

生态学（Ecology）：研究生物体之间关系及其环境各方面的科学。

生态系统（Ecosystem）：环境的物理和生物组成部分及其相互作用。生态系统是相对独立的，由在那里发现的生物类型及其相互作用（如森林、草地、湖泊）来定义。

生态系统产品和服务（Ecosystem goods and services）：包括人类在内的环境从生态系统中获得的利益。这些好处包括清洁空气和水，提供食物和建造房屋的材料。生态系统服务有四种类型：供应、调节、文化和支持。

地方种（Endemic）：原产于特定地区或环境的物种，在其他任何地方都不会自然发现。

环境足迹分析（Environmental footprint analysis）：一个有用的工具，用于检查个人对周围世界的影响，包括他们消耗的资源。

公平（Equity）：公正和合理的东西。

富营养化（Eutrophication）：水体接受过多营养物质刺激植物过度生长的过程。反过来，这种增强的植物生长会减少水中的溶解氧，并可能导致其他生物死亡。

蒸发 (Evaporation)：液体变成气体的过程。

进化 (Evolution)：生物种群中发生的遗传变化的渐进过程，最终导致新物种的产生。它需要自然选择、变异、遗传性和时间。

迁地保护 (Ex situ conservation)：将植物或动物从其自然栖息地移走并安置在新地点 (如动物园或种子库) 的非现场保护。

灭绝 (Extinction)：一个物种中没有活的个体存在的状态。

饲料作物 (Forage crops)：牲畜食用的植物。饲料植物的例子是不同种类的草，或三叶草、苜蓿这样的草本豆科植物。

碎片化 (Fragmentation)：生物多样性丧失的直接驱动力。这是一个过程，在此过程中，栖息地的各个部分由于景观的变化而相互分离。碎片化使物种难以在整个栖息地内移动，并对需要大片土地的物种构成重大挑战。

社会性别 (Gender)：男性和女性所扮演的社会角色以及他们之间的权力关系，通常对自然资源的使用和管理产生深远的影响。

基因 (Gene)：编码生物体特征信息的DNA片段；它是遗传的一个单位，从父母传给后代。

基因库 (Genebanks)：保存和记录遗传多样性供农民和研究人员使用的机构。最专业的机构能够将物种和品种保持在良好的健康状态下储存几十年。

基因池 (Gene pool)：在一个杂交群体中属于每个个体的基因总数。

遗传多样性 (或变异性) (Genetic diversity or variability)：一个种群或物种中基因的变异和丰富程度。

遗传侵蚀 (Genetic erosion)：种群中基因的丢失或生态系统中物种的丢失。

属 (Genus)：用于分类活的和化石的生物的低级等级。

目标 (Goal)：理想的结果。

基层行动 (Grassroots action)：与政府无关的个人或团体采取的行动。

栖息地 (Habitat)：通常发现生物体的当地环境。

栖息地丧失 (Habitat loss)：生物多样性丧失的直接驱动因素。当自然环境被改造或调整以满足人类需求时，就会发生这种情况。

同质化 (Homogeneous)：相似。同一性质群体相同或非常相似。

园艺 (Horticultural)：园艺是种植植物的实践，其作物包括水果、浆果、坚果和蔬菜等。

缺氧 (Hypoxic)：当水中可供生物生存的氧气水平低于这些生物生存所需的水平时，该处地方被称为缺氧。

指标 (Indicator)：衡量成功与否的标准，以确保你能够实现目标。

原住民 (Indigenous people)：居住在已知与他们有最早历史联系的地理区域的任何民族。

遗传性 (Inheritability)：将资源 (在本例中为性状或基因) 从父母转移到后代的能力。

就地保护 (In situ conservation)：通过保护或清理栖息地，或保护物种免受疾病、竞争者和捕食者的侵害，在其自然栖息地保护植物或动物的现场保护。

外来入侵物种 (IAS) [Invasive alien species (IAS)]：生物多样性丧失的直接驱动因素。外来入侵物种是在其自然栖息地之外传播的物种，威胁着新区的生物多样性。外来入侵物种还可能造成经济或环境损害，或对人类健康产生不利影响。

无脊椎动物 (Invertebrate)：没有脊椎的动物。

土地保有权 (Land tenure)：法律上或习惯上定义的人与人之间、作为个人或群体与土地的关系。土地保有权构成了一个利益交叉的网络。

生计 (Livelihood)：一个人养活自己的方式——无论是通过商业、农业、狩猎还是其他方式。

改性活生物体 [Living modified organism (LMO)]：由现代生物技术产生的生物体，科学家从植物、动物或微生物中提取一个基因，并将其插入另一个生物体。改性活生物体通常被称为转基因生物（GMOs）。

海洋生物多样性热点区域 (Marine biodiversity hotspots)：这些区域的物种和栖息地丰富，包括有代表性、稀有的和受威胁物种的栖息地。

微生物 (Micro-organism)：一种太小的生物，单凭人眼看不见，但可以通过显微镜看到。在生态系统中，微生物有助于养分的循环利用。

任务标语 (Mission statement)：一个简短明确的句子表达你的目标。

形态学 (Morphology)：研究个体生物体的形态和结构（生物体的外观）。

覆盖 (Mulching)：在生产作物的农业生态系统中，覆盖是指在土壤上留下一层有机物质。覆盖物为蠕虫提供了消化和再循环为植物提供营养的物质，但它对环境也有其他好处。例如，它可以防止水分蒸发损失，有助于减少侵蚀，并有助于抑制杂草生长。

多边 (Multilateral)：涉及大量缔约方。

国家主权 (National sovereignty)：一个国家采取一切必要措施治理自己的权力，如制定、执行和实施法律；征税；发动战争与维护和平；与外国缔结条约或进行贸易。

自然资源 (Natural resource)：来自大自然的东西，可以用来制造其他东西；农民需要土地、空气、水和阳光等自然资源来种植粮食。

自然选择 (Natural selection)：成功地适应环境并产生健康后代的动物和植物的生存，使其基因和特性得以转移。

人际网络 (Networking)：建立一个团队，与能够帮助你实现目标的人建立联系。

非政府组织 [Non-governmental organisation （NGO）]：不属于政府的组织。它的存在是为了推进和促进共同利益，与社区、政府和企业结成伙伴关系，实现造福全社会的重要目标。这些组织可以在地方、国家和/或国际各层面开展工作。

海洋酸化 (Ocean acidification)：由于海水中溶解的大气二氧化碳含量增加，海洋pH降低。

杂食动物 (Omnivore)：吃多种食物的生物体，包括植物和动物源性食物。

果园 (Orchard)：农业生态系统的一个例子，用于种植水果或坚果树以供消费或商业化。

生物体 (Organism)：个体生物，如蜘蛛、胡桃树或人类。

过度开发 (Overexploitation)：生物多样性丧失的直接驱动因

素。当生物多样性被移除的速度快于其被补充的速度时，就会发生这种情况。它也被称为"不可持续的利用"。

压倒一切的权益（Overriding interests）：最高权力（如国家或社区）有权分配或重新分配土地。

耐心资本（Patient capital）：一种可用于启动或发展企业的长期资金，不期望快速盈利。

泥炭地（Peatland）：表面有厚厚的、自然堆积的有机泥炭层的地区。泥炭是由死的和部分腐烂的植物遗骸形成的，这些植物遗骸在淹水条件下就地堆积。泥炭地包括荒野、沼泽、泥沼、沼泽林等湿地或冻土苔原。它们存在于所有的生物群落中，特别是在地球的北方、温带和热带地区。泥炭地对碳储存、保水、生物多样性、农业、林业和渔业都很重要。

持久性有机污染物（POPs）[Persistent organic pollutants（POPs）]：不易通过化学、生物和光解过程分解的有机化合物。它们在环境中积累，可能危害人类健康和环境。

物候（Phenology）：植物开花和结果等生物事件的时间。

发光器（Photophore）：在深海生物身上发现的一种特殊身体部位，具有生物发光性（产生光）。

系统发育学（Phylogenetics）：研究进化关系的学科，利用遗传学来研究不同物种之间的亲缘关系。

门（Phylum）：用于生物分类的技术术语，指一大类相关生物。

浮游植物（Phytoplankton）：漂浮在海洋上部的微型水生植物。

授粉者（Pollinator）：将花粉从一种种子植物带到另一种种子植物的动物，无意中帮助植物繁殖。常见的授粉者包括蜜蜂、蝴蝶、飞蛾、鸟类和蝙蝠。

污染（Pollution）：生物多样性丧失的直接驱动力。它发生在污染物（如化学品、能源、噪音、热量和光线）被引入环境，破坏或损害生态系统的地方。

保护区（Protected areas）：因其环境或文化价值而受到保护的地方。

正式批准（Ratification）：在这种情况下，一项国际协定被正式采用。

可再生资源（Renewable resource）：可以自我补充的自然资源。

爬行动物（Reptiles）：蛇、蜥蜴、鳄鱼、海龟和乌龟等。有些是陆生的（陆地生活），有些既生活在陆地上又生活在水中，有些只生活在水中（如淡水龟）。大多数产卵时，卵是在水外产下并发育的。

服务（Services）：见生态系统服务。

性别二态性（Sexual dimorphism）：不同性别（不包括主要的性别特征）但属于同一物种的个体之间发生的生理差异。例如，雄孔雀和雌孔雀看起来很不一样：雄孔雀拥有大而多彩的尾羽，而雌孔雀则没有。

物种（Species）：一组能够共同繁殖并产生健康、可育后代（能够产生幼仔的后代）的类似生物。

利益相关者（Stakeholders）：作为个人或群体代表，对特定决策感兴趣的人。它包括能够影响决策的人和受决策影响的人。

柱头（Stigma）：花中接受花粉的雌性部位。

亚种（Subspecies）：低于种的分类等级。一个物种的亚种在某种程度上将是不同的，但它们的差异并没有大到将它们视为单独的物种。一个物种种群的地理隔离可能导致某些性状的进化，进而导致亚种的形成。

可持续发展 (Sustainable development)：在不损害子孙后代满足自身需要的能力的情况下，满足当前需要的发展。

共生 (Symbiosis)：一种互惠互利的关系。共生关系是两个物种之间的互利关系。

分类学 (Taxonomy)：命名、描述和分类生物体的科学。

陆地生物多样性 (Terrestrial biodiversity)：生活在陆地上的所有动植物和微生物，以及陆地栖息地，如森林、沙漠和湿地。

性状 (Trait)：识别生物体的特点或特色，例如卷发或高个儿。在农业中，重要的性状包括影响植物产量或抗病性的性状。有些性状是可遗传的，有些则不是。

透明 (Transparency)：当所有谈判和对话公开进行时，信息可以自由共享，参与者对其在谈判过程之前、期间和之后的行动负责。

蒸腾 (Transpiration)：植物将水分返回大气的过程。

不可持续利用 (Unsustainable use)：生物多样性丧失的直接驱动因素。当生物多样性被移除的速度快于其被补充的速度时，就会发生这种情况。这也被称为"过度开发"。

传病媒介 (Vector)：有意或无意运输活生物体的任何活载体或非活载体。

脊椎动物 (Vertebrates)：有脊椎或脊髓的动物。脊椎动物的一些例子是哺乳动物、鸟类、鲨鱼和爬行动物。

水足迹 (Water footprint)：用于生产个人、企业或国家消费的商品和服务的淡水总量。

湿地 (Wetland)：永久或临时被水覆盖的土地，通常较浅，由从水中生长的植物（包括树木）覆盖，或与开阔水域连接在一起。

浮游动物 (Zooplankton)：漂浮在海洋上部的微型水生动物。

你的笔记

图书在版编目(CIP)数据

青少年生物多样性科普手册／联合国粮食及农业组织编著；刘雅丹等译 . -- 北京：中国农业出版社，2022.12

(FAO中文出版计划项目丛书．青年与联合国全球联盟学习和行动系列)

ISBN 978-7-109-30033-0

Ⅰ.①青⋯ Ⅱ.①联⋯ ②刘⋯ Ⅲ.①生物多样性–青少年读物 Ⅳ.① Q16-49

中国版本图书馆 CIP 数据核字 (2022) 第 178205 号

著作权合同登记号：图字 01-2022-3767 号

青少年生物多样性科普手册
QINGSHAONIAN SHENGWU DUOYANGXING KEPU SHOUCE

中国农业出版社出版

地址：北京市朝阳区麦子店街 18 号楼
邮编：100125
责任编辑：郑 君　　文字编辑：赵 硕
责任校对：吴丽婷
印刷：北京缤索印刷有限公司
版次：2022 年 12 月第 1 版
印次：2022 年 12 月北京第 1 次印刷
发行：新华书店北京发行所
开本：889mm×1194mm 1/20
印张：13
总字数：765 千字
总定价：240.00 元 (全 3 册)